天野 浩

次世代半導体素材GaNの挑戦

22世紀の世界を先導する日本の科学技術

講談社+α新書

まえがき——世界の人々を豊かにする技術の実現を目指して

経済成長を生み出し人々を豊かにする——それこそがイノベーション、すなわち技術革新の原動力たるべきだと私は信じます。イノベーションが土台にあり、やがて産業化につながり、それに携わる人々に利益をもたらすビジネスが生まれるのです。

このビジネスにおいては利益を追求するのは当たり前のことで、それによって社会全体が発展します。しかし、時には関係者のみの利益を優先したのではないかと感じるような技術開発も見受けられます。

これに対し、たとえば地球環境問題を解決する省エネルギー技術や、二酸化炭素（CO_2）排出量を大幅に削減する技術などは、多くの人々が納得するものです。だから私は、それを「良いイノベーション」と考え、日ごろからそのための研究を行いたいと思っています。

いま日本の研究開発は、多くの課題に直面しているといわれています。日本の科学技術や研究の将来に対して不安を抱いている人も少なくないようです。私も「日本の科学技術は大丈夫なのですか？」と直接、質問されたことが何度もあります。

ただ私自身は、悲観的になる必要はない、と考えています。それどころか、「日本の科学技術は二二世紀の世界を先導することができる」とさえ感じています。

二〇一八年一〇月五日付の「朝日新聞」に、「企業の論文数　なぜ大きく減ったの？」と題した記事が掲載されました。その内容は、「文部科学省の科学技術・学術政策研究所によると、日本企業が独自に発表した論文数は一九九六年の六三〇〇本をピークに、二〇一五年には約二六〇〇本と約六割減った」というものです。

この点について、同記事で京都大学特定准教授の前川佳一（まえがわよしかず）先生（当時）は、原因は「企業のいわゆる『中央研究所』の撤退にある」と指摘されました。さらに概略、以下のように述べておられます。

「（NECや日立、東芝といった日本の主なメーカーは、自社で基礎研究から製品開発までを手がける方式を取ってきた。しかしバブル崩壊に伴い、一九九〇年代、各社で基礎研究を担ってきた中央研究所は閉鎖・縮小を余儀なくされた。）私がいた三洋電機でも、一九八〇年代にはナメクジの脳について研究していた。コンピュータの開発という名目だったが、やがて撤退した」

以前の日本の産業界では、飛躍と思えるような考えや、実際に使えるようになるまでに時間がかかると見られるアイデアも取り入れ、研究していました。前川先生は、そうした過去を例として示し、その幅広い研究を背景に、日本の科学力が向上したと指摘されています。

ただ一方で、当時の日本の企業は、研究開発から試作や生産まで、すべてを一社で囲い込んだことの問題も、暗に指摘されているように思います。

また同じ記事では、京都大学教授の山口栄一（やまぐちえいいち）先生の話を次のように引用しています。

〈中央研究所の衰退はオイルショック後、長引く不況に苦しんだ米国でも起きた。ノーベル賞も生んだＩＢＭやＡＴ＆Ｔなどの有力企業の研究所も衰退、多くの研究者が会社を離れた。だが、国が八〇年代に作った若い研究者らに起業を促す制度により、ベンチャーの力で経済再生に成功した。

一方、日本は米国と違って「就社」意識が強く、中央研究所にいられなくなった研究者は会社を辞めずに工場や営業などの他部門に異動するケースが多かった。その結果、日本

にとっての「頭脳」が生かされなかった〉

こと日本の研究開発に関する記事となると、このような悲観的な話は少なくありません。もちろん、国内の研究開発の環境に多くの課題があることは事実だと思います。現在もその呪縛から抜け出せず、多くの企業や大学が停滞しているのが実情です。

では、いったいどこから改善すべきなのでしょうか？

まず、これまでの日本がとってきた自分たちだけで研究開発を行う傾向を改め、大胆にオープンイノベーションを進めるべきだと思います。従来のやり方では、ダイナミックに新しい技術を導入し開発を進める世界の競争相手と戦うことはできません。少なくとも、新しく生まれた科学や技術の分野では、企業も大学も壁を取り払い、将来の社会を創るという目標を共有するべきです。

そうした問題意識が形となって現れたのが、私が属する名古屋大学の「エネルギー変換エレクトロニクス研究館」（Ｃ－ＴＥＦｓ）と「エネルギー変換エレクトロニクス実験施設」（Ｃ－ＴＥＣｓ）です。これらの施設は、私が次世代の半導体素材として期待している「窒化ガリウム（GaN：以下ＧａＮと表記）」などの材料を中心とした研究を、企業、他大学、そして国立の研究所と共同で行うためのものです。

こうしたオープンイノベーションの取り組みによって、必ず日本に新しい産業を生み出すことができる、そしてその延長線上に、新しい社会インフラを創る技術を世界の人々に提供する未来がある――私はそう考えています。

日本には、世界に負けない人材と科学技術力があると思います。

その日本の強みは、研究者の「幅の広さ」です。実際、どのような分野の国際会議にも、必ずといって良いほど、日本人の研究者の誰かが出席しています。私がこれまで出席した国際会議に、私以外に日本人がいなかったということは、ただの一度もありません。

また、これはあまり知られていませんが、日本はパテント・ファミリーの数では、現在も世界一位を誇っています（文部科学省 科学技術・学術政策研究所の報告書「科学技術指標２０１９」データ）。パテント・ファミリーとは、あるコアとなる発明を出願したあと、その発明の優先権を主張するために他国に出願した特許群のことです。重要な発明ほどパテント・ファミリーを抱えているので、この順位は日本の技術開発力の高さを示す一例だと捉えています。

本書では、私が「良いイノベーション」を生むためにどのような取り組みを行っているかについて述べていきたいと思います。

私と研究メンバーたちは、日本の科学・技術の潜在能力を引き出し、新たな技術を生み、世の中で実用化されることを目指し、日々研究を行っています。本書を読んでくださった読者の方々が、そんな私たちの取り組みに理解を深めてくださり、共感していただけたら、これに勝る喜びはありません。

天野（あまの）　浩（ひろし）

目次◉次世代半導体素材ＧａＮの挑戦　22世紀の世界を先導する日本の科学技術

第四章　世界をリードする産学共同研究所を

第五章　ＧａＮが創る未来のかたち

第一章　青色発光ダイオードが教えてくれた真実

学生の手で作った実験装置

私は学生のころ、光の三原色（赤・緑・青）のなかで、ＬＥＤとして唯一光らせることができなかった青を光らせてみたいという思いを持っていました。当時のマイコン（マイクロコンピュータ）、いまでいうパソコン（ＰＣ）に強い興味を持っていた私は、そのディスプレイがブラウン管（ＣＲＴ）であることに不満を抱いていたからです。

そのころのテレビやコンピュータのディスプレイは、ほとんどがブラウン管で、非常に重く、奥行きも大きい、そして電力消費量も非常に多かったのです。当時、すでに赤色および緑色のＬＥＤができていることは知っていました。だから、もし自分が青色発光ダイオード（青色ＬＥＤ）を作れば、テレビやディスプレイをスクリーンのように薄く軽くできると考えたのです。

窒化（ちっか）ガリウム（ＧａＮ）との出会いは、私の恩師である赤﨑勇（あかさきいさむ）先生（現・名城大学終身教授、名古屋大学特別教授）の研究室の卒業論文のテーマ案、「窒化ガリウムによる青色ＬＥＤ」がきっかけでした。

赤﨑先生は名古屋大学で結晶成長の研究を行ったあと、松下電器産業（現・パナソニック）の東京研究所で、化合物半導体の結晶成長を、さらにその応用としてＬＥＤの研究をずっと続けられ、赤色ＬＥＤや緑色ＬＥＤを開発されました。

残る青色ＬＥＤも精力的に開発されたのですが、残念ながら道半ばで開発中止を余儀なくされ、名古屋大学に戻る決心をされたそうです。研究室の移動は大変だったそうですが、一九八一年から名古屋大学で、本格的に研究室を立ち上げられました。そして、私はその一年後の一九八二年、学部生として先生の研究室に入れていただきました。私にとって決め手となったのは、青色ＬＥＤという研究テーマです。

赤﨑先生が名古屋大学に移られたころは、まだＧａＮを成長させるための「ＭＯＶＰＥ装置」が市販されていませんでした。ＭＯＶＰＥ装置とは「有機金属気相成長法」、つまり原料となる有機金属ガスを高温で分解して基板上に反応させ、半導体結晶を作製する装置のことです。

ＭＯＶＰＥ装置がないということで、私たちは、赤﨑先生が民間企業時代に使っていた様々な装置をもらってきたり、名古屋大学で化合物半導体の研究をされていた西永頌（にしながたたう）先生（現・東京大学名誉教授、豊橋技術科学大学名誉教授）が使っていた古い電気炉などを集めたりしました。さらに研究室の科学研究費や民間の財団の助成金から費用を捻出し、

MOVPE装置の第１号機（赤﨑記念研究館所蔵）提供：名古屋大学

MOVPE装置第２号機のレプリカ（赤﨑記念研究館所蔵）提供：名古屋大学

学生の手によって、なんとかMOVPE装置を作ることができました。

組み立ては、主に一年先輩の小出康夫(こいでやすお)さん（現・国立研究開発法人 物質・材料研究機構理事）と私が行いました。実験装置を自分たちで作るというのも、あとになって考えると重要なことでした。装置に問題が見つかったら、業者に任せずに、すぐに自分たちで修理・改良できたからです。

そうしてできあがったMOVPE装置を使いGaNの結晶を作る研究を始めたものの、ずっと、表面がザラザラとした結晶しかできませんでした。しかし、赤﨑先生のもとで自由に研究をやらせてもらえたため、たとえ期待する結晶ができなくても、毎日、ものすごく楽しく、そして充実した日々を送っていました。

工学部では通常、学部三年生までは座学ばかり。つまり、知識を詰め込むことを目的とした勉強です。もちろん実験もありますが、結果が分かっているものばかり。ですから、振り返って考えてみると、当時の私は、良い経験をさせてもらっていたということになります。

四年生の卒業研究では、誰もやったことのない実験に取り組むことができたので、「これが本当の研究だ！」と実感しながら、実験を続けていました。

そのころ、結晶が大好きな先輩から、いろいろな話を聞いていましたが、当然、先輩のほうが知識は豊富です。それが悔しく、なんとか先輩を驚かせてやろうと、新しい実験結果が出るたびに、「どうです？　面白いでしょう」と、見せに行っていました。

とはいえ、綺麗（きれい）な結晶にはまったく仕上がりませんでした。毎回、真っ白なゴツゴツした磨（す）りガラスのような窒化ガリウム（ＧａＮ）ができるだけでした。

ただ、原料ガスの流量を変えると、結晶一つひとつの形が変わりました。また、原料をたくさん供給しているわりには結晶が少ししかできないこともありました。そのため、原料ガスが想定通りに流れていないのではないかと思い、発煙筒に使われる四塩化チタン（$TiCl_4$）と水を混合させて白煙を作り、ガスの流れを実際に見る実験を行ったこともありました。

その結果から、いったん、すべてのガスを一つにまとめ、高速で基板に吹き付けるように装置を改良しました。すると、少ない原料で多くの結晶ができることが分かりました。このときは、東北大学の坪内和夫（つぼうちかずお）先生の研究室の窒化アルミニウム（AlN）結晶の成長装置を見学させてもらい、参考にしました。

しかしながら、結局は綺麗な結晶ができぬまま、忸怩（じくじ）たる思いで修士論文を提出することになりました。論文はたったの一五ページ程度しか書けず、提出したのは二月。就職が決まっていた同級生は、卒業旅行で海外に出かけていました。しかし、博士後期課程への進学が決まっていた私は、大学で残りの修士課程（博士前期課程）の期間、ひたすら実験を繰り返していました。

ノーベル賞につながった実験

修士二年の最後の月、修士論文を提出したあとも、私は何かに取り憑かれたように実験を始めました。

そうして実験を続けていたある日、助教授の澤木宣彦先生（当時）から聞いた興味深い話を思い出しました。先述の西永頌先生の実験に関する話です。西永先生は、シリコン基板上にリン化ホウ素（BP）を成長させる際、「直接ではなく、リンを先に流して表面をほんの少し汚すと、そのあとに成長するリン化ホウ素の表面が綺麗になる」とおっしゃったというのです。

その話を思い出して、私は「最初に窒化アルミニウムを付けてから、その上にGaNの結晶を作る」というのはどうだろうと考えました。

また先述の小出康夫さんは、窒化アルミニウムの研究を続けていました。そして小出さんが作る窒化アルミニウムは、私が作るＧａＮよりも表面が少し綺麗でした。これも「最初に窒化アルミニウムを付けてから、その上にＧａＮの結晶を作る」というアイデアに至った理由です。すなわち、閃きなどというものではありません。先生や先輩たちから教えてもらったことを、自分なりに応用しただけなのです。

当時の私は焦っていました。博士後期課程は三年ありますが、学部四年生から修士課程の二年、すなわち三年ものあいだ、実験で一度も綺麗な結晶ができなかったからです。三本の学術論文が学術雑誌に掲載されなければ、工学博士号（学位）が取れません。そのため、とにかく学術論文が書けるような成果が必要だったのです。

だから、どうせダメだろうと思うようなことでも、可能性がゼロでないなら試みるしかなかった。とにかく学術論文を書いて工学博士の学位を取らなければ、という気持ちしかありませんでした。

ところが小出さんの話を参考に実験を始めてみると、電気炉の調子が悪く、あまり温度が上がりません。小出さんの実験から、窒化アルミニウムの成長には、電気炉の温度が高いほうが結晶が綺麗にできるということを知っていたので、これは困ったと思いました。

本来ならば、そこで実験を中断して、装置の修理をしていたところでしょう。しかし焦っていた私は、低温で付けたら、リン化ホウ素のリンの先流しのように、表面を少しだけ汚すことになるのではないかと考えました。そこで、低温のまま窒化アルミニウムを付けて、実験を継続しました。

まさに藁にもすがる思いで試みたわけですが、この「低温で窒化アルミニウムを付着させる」という方法は、結果的には正しい判断でした。サファイア上に窒化アルミニウムのバッファ層を付けて、当時としては世界で最も綺麗なGaN結晶の成長に、一回目で成功してしまったのです。ちなみにバッファ層とは、GaNを成長させる前に基板上に形成する下地層のことです。

このようにバッファ層の効果を見つけることができたのは、電気炉の調子が悪かったという偶然と、普段から結晶成長にまつわる興味深い話を教えてくれる先輩たちがいたからです。

赤﨑先生も著書『青い光に魅せられて　青色LED開発物語』（日本経済新聞出版社）で書かれているとおり、当時の私は、元日以外の日はすべて実験を行っていました。すなわち、装置を酷使していたのです。だから装置の調子が悪くなり、電気炉の温度が上がりませんでした。一日に五回も六回も、しかも毎日実験していたのですから、調子が悪くなっても仕方がありません。しかし、その偶然があって、綺麗な結晶を生み出すことに成功したのです。

とはいえ、それがのちにノーベル賞受賞につながるとは、実際に受賞するまで考えたこともありませんでした。当時は「やっとこれで学術論文が一本書ける」とホッとしたことを覚えています。

以上のように、一九八五年、修士課程の最後に、青色ＬＥＤに必要な高品質の結晶成長に成功し、学術論文を一本書くことができました。

青色LEDを目指した三つの素材

当時、青色に光る素子の研究は、赤﨑先生のグループだけが行っていたわけではありません。国内外で多くの研究者が実験を続けており、誰が最初に青いＬＥＤを光らせるかという競争が繰り広げられていました。中国や韓国の研究者たちは、まだこの競争に加わっていませんでしたが、日本やアメリカ、そしてヨーロッパの国々の研究者が、しのぎを削っていたのです。

当初、青色LEDに適しているのではないかと考えられていた素材は、炭化ケイ素（シリコンカーバイド、SiC）とセレン化亜鉛（ジンクセレン、ZnSe）でした。この二つの素材が本命視されていたのです。

対するGaNは、多くの研究者が「実用化はできない」と考えていました。そのため、世界の大半の研究者は「シリコンカーバイド派」と「ジンクセレン派」に分かれて研究をしていました。

シリコンカーバイドは、日本では京都大学の松波弘之（まつなみひろゆき）先生（当時）が世界をリードして研究を続けられていました。一方、ジンクセレンは、ソニーやパナソニックをはじめ、日本や欧米の多くの企業などが実用化を目指し、研究を行っていました。

対する「GaN派」はというと……綺麗な結晶を作ることそのものが難しかったため、私たちを含め、ほんの少ししかいなかったのです。

ただ私は、「GaNで綺麗な結晶を作ったのだから、pn接合による青色LEDは必ず実現する」と考えていました。pn接合とは、p型半導体（電荷を運ぶキャリアとして正の電荷を持つ正孔（せいこう）を使用する半導体）とn型半導体（余った電子により電流が流れる半導体）が接している部分のことです。

先述のとおり、修士課程の最後に、綺麗なＧａＮ結晶を成長させることができました。そこで私は、ＬＥＤの基礎となるｐ型半導体を作ることに頭を切り替え、博士後期課程は、ｐ型結晶の実現に集中することにしたのです。当時の私は、とにかく新しい実験結果を出して次の学術論文を書かないと、学位が取得できない状況でした。

ｐ型のＧａＮを作る方法としては、当時、不純物に亜鉛（Zn）を添加するものしか検討していませんでした。そのため私は、結晶成長時に様々な条件で亜鉛を添加する実験を、三年にわたって続けました。

最初のうちは、亜鉛を添加したＧａＮを蛍光顕微鏡で観察すると、とても綺麗な青色に光ったので、私はとても感激しました。しかし残念なことに、いくらホール効果で測定しても、ｐ型を示す挙動はまったく見られませんでした。ちなみにホール効果とは、半導体がｎ型かｐ型かを見極めるために用いる現象のことです。

そんななか、夏休みにＮＴＴの武蔵野研究開発センタにインターンシップで二週間ほどお邪魔しました。そして最後の一日だけ、陰極線発光観察用の電子顕微鏡（電子線を当て、どのように光るかを観測する装置）を使わせてもらう機会がありました。このとき亜鉛を添加したＧａＮに電子線を浴びせると、青色発光がパッと強くなったのです。それを見て、電子線照射が青色発光に対して良い効果があることが分かりました。

ただ、電子線照射したあとでも、亜鉛添加したＧａＮはｐ型にはなってくれませんでした。だから私は、博士後期課程の三年間で学位を取得するための学術論文を書くことができず、結局は満期退学、すなわち学位を取得できず課程を終えたのでした。

しかしその後も、赤崎先生の研究室で助手にしていただいて、私は研究を続けることになりました。そんなある日、半導体の教科書を読んでいると、亜鉛よりもイオン化しやすいマグネシウム（Mg）を添加したほうが効果的だということに気付きました。イオン化とは、元素の電子が離れてプラスになったり、逆に電子が付いてマイナスになったりすることです。ちなみにマグネシウムは、亜鉛より電子が付きやすい、すなわちよりｐ型になりやすい性質があります。

そこで、当時は高価だったマグネシウム用原料の購入を許可してもらい、使用する元素を亜鉛からマグネシウムに切り替えたのです。マグネシウムを入れただけではｐ型にはなりませんでしたが、電子線を当てることで、結晶がｐ型に変わっていることが分かりました。こうした実験を経て、私はなんとか学位を取得することができました。

このときまで私は、博士号を取得しないまま、赤崎先生の研究室で助手として研究を続けさせてもらっていました。しかし通常は、博士号を取得していないと、助手（現在の助教）になることは難しいものです。当時の赤﨑先生は、私を助手として研究室に残すため、かなり無理をなされたのだと思います。

また、このような援助がないと分かっていたら、私はp型に挑戦することなど最初から考えず、綺麗な結晶の光学特性や、あるいは電気的特性をうまくまとめて学術論文を書くことに時間を費やしていたはずです。私がいまでも大学で研究を続けられているのは、赤﨑先生のおかげです。

歓喜した青い輝き

GaNのLEDを青く光らせた瞬間のことは、いまもよく覚えています。

p型とpn接合型LEDは、当時は修士課程の鬼頭雅弘氏（現・名古屋大学教授）や、電子線照射装置を貸していただいた豊田合成の方々との共同作業によって完成しました。最初のLEDを見たときは、鬼頭氏と二人で大喜びしました。赤﨑先生もすぐに新聞で発表してくださり、「中日新聞」に赤﨑先生とともに掲載していただきました。

しかし実際には、「紫外」がよく光っていたのであり、部外者の人たちはあまり明るい

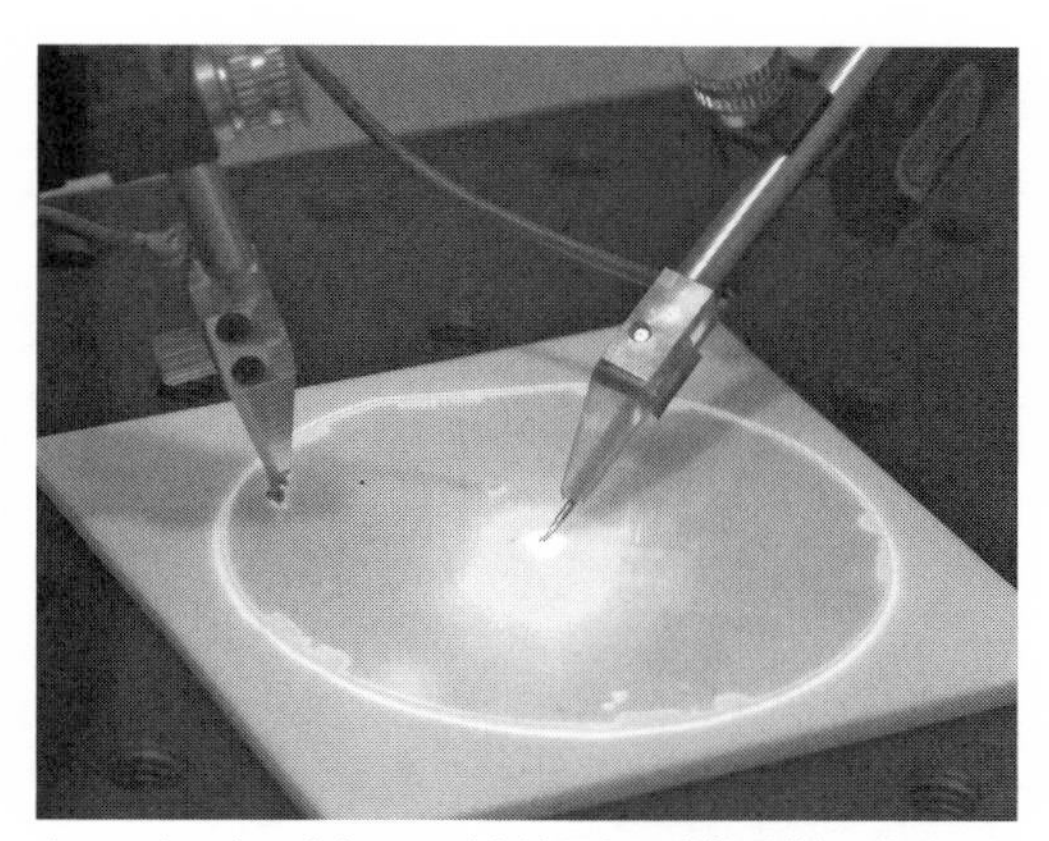

ウェハ上で光る青色LED（赤﨑記念研究館所蔵）。当時の実験は、このような大きなウェハではなく、小さく切った個片の基板上に作製したLEDで実現した　提供：名古屋大学

超薄型TVに道

世界初の青色発光半導体開発

名大工学部

明るさ従来の70倍

低電圧 低コスト 医学、工学に応用可能

青色LEDの報道発表（赤﨑先生と著者）。
「中日新聞」1989年11月17日朝刊

と感じませんでした。紫外とは、可視光線より波長が短く、紫色の外側の領域の光です。

なお、光については三四ページのコラムで述べます。

ただ、それ以前に赤﨑先生が民間企業に所属していたときに作っておられた「p型を使わないMIS型のLED」と比べると明るかった。とはいえ、実用化にはいまだ不十分ということを自覚していました。ちなみにMIS型とは、半導体表面に絶縁体を挟む形で金属電極を付けた「metal–insulator–semiconductor（金属–絶縁体–半導体）」構造の半導体素子のことです。

綺麗なGaNができるようになった直後から、修士の学生たちとともに、より青色で明るくするための窒化インジウム・ガリウム（InGaN）の研究を始めていました。しかし、原料を運ぶキャリアガスを窒素（N）ガスにするという発想が思い付かず、ずっと水素（H）ガスを使っていたため、結晶成長を成功させることができませんでした。

この窒化インジウム・ガリウムは、光の波長を、より人間の目に見やすい青い光にするもの。インジウムという元素を入れると徐々に波長が長くなり、紫外から青に近づいた色で光ります。インジウムを入れないと光の波長が短いため、人間には見えづらいのです。

そこで、紫外線に近いところで青く光っていたのだから、もっと波長の長いところで青く光らせれば良いと考えました。

当時の私は、インジウムを入れることで、それを成功させようとしました。しかし、結晶を作る際、原料を運ぶキャリアガスの問題が非常に難しく、解決できませんでした。結局、この実験は頓挫（とんざ）することになります。

それを一九八九年に成功させたのが、当時NTTにおられた松岡隆志（まつおかたかし）先生（その後、東北大学教授）です。NTTと名古屋大学の違いはただ一つ、原料を運ぶキャリアガスで、私たちは水素ガスを用いていましたが、松岡先生は窒素ガスを用いていたのです。

青色LEDの実現を確信した瞬間

LEDの材料として使えないといわれていたGaN……なぜ、それを光らせることに成功したのか？　ちなみに、シリコンカーバイドやジンクセレンのLEDは、GaNのLEDの発光に成功する五年以上前に、すでに青く光っていました。とはいえ、光の強さが満足なものとはいえず、暗い箱のなかで弱々しく光っている程度でした。

赤﨑先生は一九六八年、シリコンカーバイドの青色LEDが完成したという噂を聞き、ソ連・レニングラード（現・ロシア連邦サンクトペテルブルク）市内にある半導体研究所を訪問されました。このときのエピソードは、赤﨑先生の著書にも書かれています。〈明るく光る青色ＬＥＤができるはずはないだろうとは思ったものの、やはり気になります。そこで、半導体研究所まで足を延ばしてみることにしたのです。

半導体研究所に行ってみると、うす暗い部屋に通され、暗幕をかけた顕微鏡をのぞくように指示されました。すると、案内役の研究員が、「どうだ、見えるだろう？」と言うのです。しきりに、「見えるだろう？」と言ってくるのですが、はっきりは見えずに困ってしまいました〉

帰りにドイツ人男性から声をかけられ、「君は見えたか？」と訊かれたそうです。赤﨑先生が「私には何も見えなかったよ」と答えると、その男性も「そうだよな」と同意したといいます。

当時は、他に青く光る素材がありませんでした。だから多くの研究者が、シリコンカーバイドとジンクセレンに飛びついたのです。弱々しくとはいえ、それでも光っていたのだから、この二つの素材の可能性を追求していたわけです。

青色ＬＥＤの分野では、当時、これらの素材が先行していたといえるでしょう。赤﨑先生の研究室にも、ジンクセレンの研究を続けている人がいました。その様子を見ていると、ジンクセレンは脆いためＬＥＤを作っても寿命は短い、ということが分かりました。だから私は、ＧａＮから他の素材に変更することは、いっさい考えませんでした。

とはいえＧａＮでは、赤色や緑色のＬＥＤのようには簡単にいきそうにありません。だから当時は、ほとんど見向きもされませんでした。ＧａＮを光らせるうえで問題だったのは、シリコンカーバイドやジンクセレンの二つと比べると、綺麗な結晶を作るのが難しかった点です。

赤﨑先生と私は、「綺麗なＧａＮの結晶を作れば一気に状況は変わるはずだ」と考えており、あえてＧａＮにこだわりました。

普通、結晶を気体から成長させるには、結晶を作る基板を高温に温め、そこに材料となるガスを吹き付けます。経験を積むと、基板の温度やコントロールの仕方、ガスの種類や流し方は分かってきます。しかしＧａＮの場合、それまで築いてきたノウハウを応用しても、まったく綺麗な結晶になりませんでした。磨りガラスの表面は、どうしてもザラメをまぶしたお菓子のようなザラザラした表面になり、色は真っ白になってしまっていたのです。

ところが先述したように、低温窒化アルミニウム・バッファ層の実験のときには、装置から外に出したらツルツルの表面になっていました。それを見たときは、「これは失敗だ、ガスを流すのを忘れた」と感じたほどでした。電気炉の故障によって温度が上がらなかったことによるものですが、それが幸いし、当時の世界で最も綺麗な結晶が完成したのです。

一九八五年に結晶ができた段階で、明るく丈夫な青色ＬＥＤは必ずできるという信念を持っていました。そしてｐ型半導体ができた段階で、信念が確信に変わりました。

ただし、完全に自分の考えが間違っていなかったと分かったのは、当時は日亜化学工業におられた中村修二先生（現・カリフォルニア大学サンタバーバラ校教授）が、窒化インジウム・ガリウム活性層のＬＥＤを発表したときです。窒化インジウム・ガリウムの研究についてはすでに述べましたが、中村先生は、明るい室内でも眩しいほどに光るＬＥＤを作ることに成功されました。それを見て、私もＧａＮの選択が間違っていなかったことを確認できたのです。

コラム① 光を生み出すために必要なエネルギー

人が感じる光の色は、赤から黄、緑、青、そして紫までの範囲です。この範囲外の

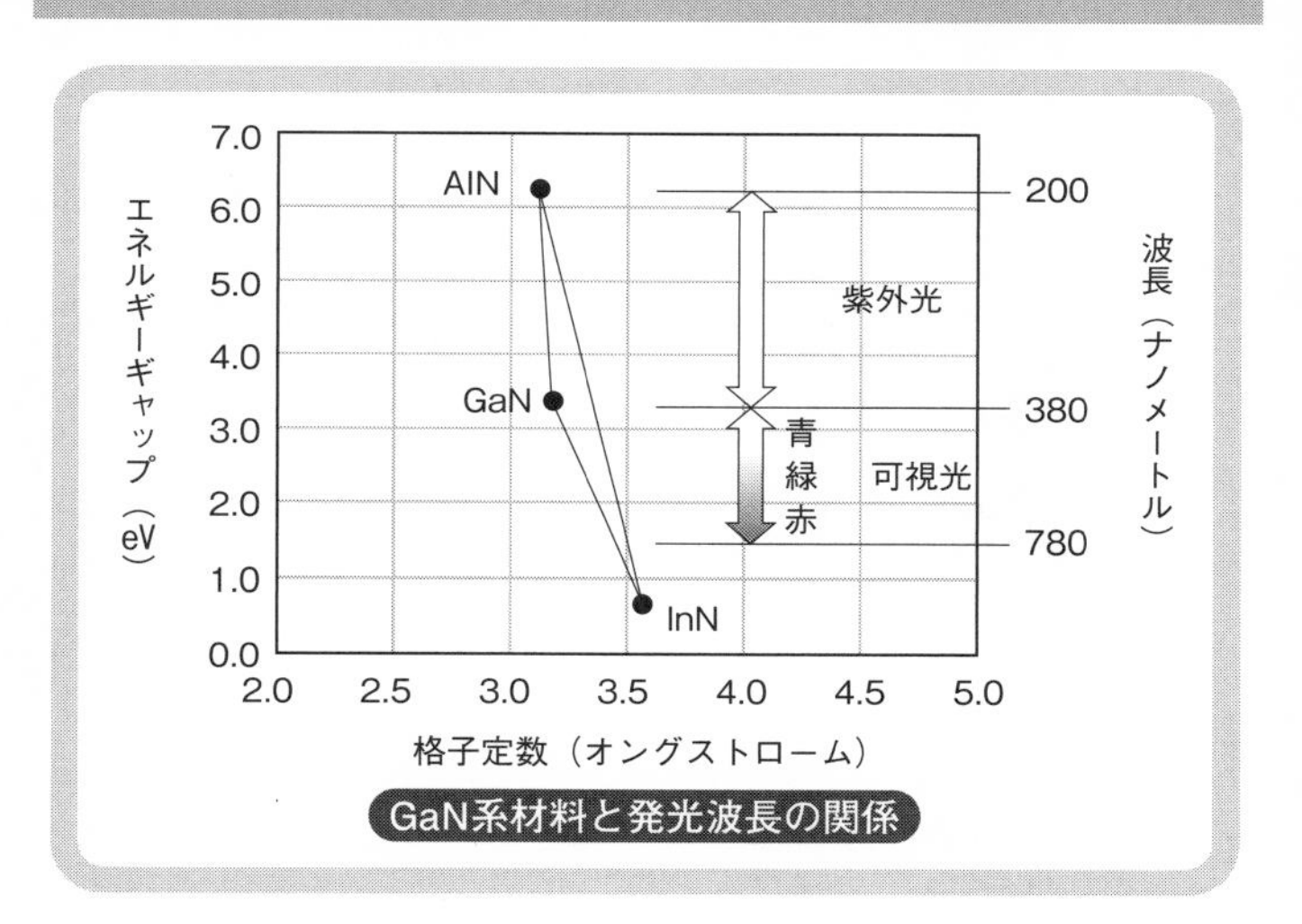

GaN系材料と発光波長の関係

半導体材料	色	波長（ナノメートル）	バンドギャップ（eV）
少 InGaN	紫外	365 ～ 400	3.10 ～ 3.40
InNモル分率 InGaN	青	450 ～ 475	2.61 ～ 2.76
多 InGaN	緑	520	2.38
AlInGaP	黄	595	2.08
AlInGaP	橙	610 ～ 650	1.91 ～ 2.03
AlGaAs	赤	660	1.88

注：発光の色表現は便宜的なもの

波長とバンドギャップ

光も存在しますが、目には見えません。たとえば、よく耳にするのは赤外光や紫外光です。この色の違いは、それぞれの光の持つ波長で決まります。また波長が短いほど、その光のエネルギーは大きくなります。

ＬＥＤの出す色は、使用されている半導体の持つ「バンドギャップ（電子が存在することのできない領域）」という性質で決まります。ＬＥＤでは、バンドギャップの上にいるエネルギーの大きな電子が、バンドギャップの下に落ちる際に、そのエネルギー差と同じエネルギーを持つ光となって出てきます。

半導体材料はそれぞれ決まったバンドギャップを持っているため、使う材料のバンドギャップの大きさによって、違う色で光ることになります。

目に見える光と赤外光と紫外光を波長の長い順に並べると、赤外光、赤、黄、緑、青、紫、紫外光になります。

これに対応するＬＥＤを作る場合、半導体のバンドギャップで出てくる光の波長は、前ページの表に示すものになります。

窒化インジウム・ガリウムは、ＧａＮと窒化インジウム（InN）を混合した結晶、いわゆる混晶（こんしょう）ですが、混合する割合によってバンドギャップの大きさを変えることができるので、様々な色のLEDを作る際に用いられています。

ビル・ゲイツから受けた影響

ここまで述べてきたGaNのLEDを実用化する研究は、一九八六年から、豊田合成と名古屋大学赤﨑研究室の共同研究としてスタートしました。その後、一九八七年から、現在の国立研究開発法人 科学技術振興機構（JST）に当たる組織の援助を受けて本格的に進めることになりました。

豊田合成は、地元・愛知県の合成樹脂・ゴム部品メーカーです。しかし当時、私を含む名古屋大学の研究者たちはもちろん、豊田合成にも、LEDを開発・製造した経験がありませんでした。そのため、本当に様々な苦労がありました。

研究開始時の一九八七年、豊田合成から名古屋大学に研究者が派遣され、まずは結晶成長や半導体製造プロセスの習得を目指しました。

それから二年後の一九八九年、名古屋大学はp型半導体を作ることに成功しましたが、豊田合成との契約では、結晶ができたのちにMIS型半導体の開発を行うことが決まっていました。そのため、すぐにp型とpn接合型LEDの実験に移行することはできませんでした。

それからさらに数年が経ち、豊田合成がＭＩＳ型のＬＥＤを発表しました。しかし、その直後に、先述の中村修二先生が所属していた日亜化学工業がｐｎ型のＬＥＤを発表。つまり、ｐｎ型のＬＥＤの開発では、先を越されてしまったのです。

このことから、豊田合成の方々は巻き返しを図るため社内の知財部を強化し、トヨタから管理職を担うスタッフを受け入れました。また、最も大切な生産技術を高めることを目的に、豊田中央研究所から半導体の専門家が派遣されたそうです。

各分野のエキスパートの協力が得られたことにより、研究開発は一気に軌道に乗り、ＧａＮによるＬＥＤ光源の普及につながりました。

この経験から、日本の大学で行われた研究を実用化する際には、事業化を真剣に考える企業との産学連携が必須であることを学びました。また、大学といえども、企業の技術開発に負けないスピード感で研究を進めなくてはならないことも学びました。

ところで私は学部生のころ、ビル・ゲイツ氏に憧（あこが）れていました。ゲイツ氏は米マイクロソフトの共同創業者で、パソコンの基本ソフトウェア（ＯＳ）「Ｗｉｎｄｏｗｓ」で、世界中の人々の生活を変えた人物です。

青色LED（赤﨑記念研究館所蔵）提供：名古屋大学

ビジネスに対する氏の姿勢や数々の書籍に接し、私は、いわゆる「研究のための研究」では意味がない、自分の目指すべきものは人々に幸せをもたらすものを作り出すことだ、そのための研究を行う研究者になりたい、と考えるようになりました。

青色ＬＥＤが普及したいま、研究開発はあくまでも手段であり目的ではないと、改めて感じています。特に工学では、社会課題を解決するという目的を持ち、そのために研究を行い、その結果を実用化して初めて、意味が生まれるのです。

私は、日本の大学や研究機関が社会に役立つ研究を行って発明を生み、日本の企業とともに実用技術に高め、新しいイノベーションを引き起こすことが理想だと考えています。

モンゴルの大草原に灯ったＬＥＤ

一九八〇年代半ばから現在に至るまで、私は継続して、ＧａＮに関する研究や実験を続けてきました。その原動力は、世界中の人々の暮らしを良くしたい、もっと快適で安心な暮らしを皆が享受(きょうじゅ)できる社会を作りたいという願いです。

青色ＬＥＤが実用化され、蛍光灯より消費電力の少ない白色の光源を作ることができました。この青色ＬＥＤで作った白色の電灯は、日亜化学工業の研究者たちの成果を組み合わせて実現したものです。

少し難しい話になりますが、青の光は可視光のなかではエネルギーが大きい。そのため蛍光体という素材を使うと、エネルギーの小さい光、すなわち緑、赤、黄の光に効率良く変換することができます。

そして青色ＬＥＤの青の光の一部を黄に変換すると、青と黄は補色なので、混ざると白に見える。この仕組みが使えるのは、青色ＬＥＤだけです。赤色ＬＥＤや緑色ＬＥＤを使って白色ＬＥＤを作ろうとしても、うまくいきません。

モンゴルのゲルに灯ったLEDの灯り　提供：名古屋大学

ゲルの前に立つ著者（右）提供：名古屋大学

このように、ＬＥＤのなかで青色ＬＥＤがもてはやされる理由の一つは、電灯に使うことができるからです。ＬＥＤ電灯が生活必需品となっているのは、たとえばモンゴル。送電線のない大草原に設置されたテント、ゲルのなかにＬＥＤ電灯が取り付けられ、家庭向けの太陽光発電システムによって光が灯ります。こうした事実は、私に、研究者としての大きな喜びを与えてくれました。

二〇一五年二月、モンゴルのロブサンニャム・ガントゥムル教育文化科学相が名古屋大学を訪問されました。その際には、氏から以下のような感謝の言葉をいただきました。

「モンゴルでは遊牧している人たちの割合が多かった。遊牧生活がモンゴルの文化・伝統なのだから、できるだけ続けたい。しかし、発電機はあるものの寿命が短いことから、なかなか子供たちに夜の灯りを与えられませんでした。いま、ＬＥＤと太陽電池やバッテリーを組み合わせて、遊牧生活をしている子供たちが夜、勉強したり本を読んだりするための灯りを提供することができました。感謝いたします」

氏の感謝の言葉は、青色ＬＥＤの開発に関わった人間にとって、最高の栄誉です。そして、これからも困っている人たちのために研究を続けていかなくてはならないと、改めて決意しました。

イノベーションに重要なスピード

現代の大学教員は、研究だけでなく、研究資金の手当てや若手の人材育成など、様々な問題に直面しています。しかし、私がこうした問題に立ち向かおうと考えることができるのは、やはり、微力であったとしても世の中の人々の役に立ちたいという思いがあるからです。

これからも工学研究者として社会の課題を解決するアイデアを出し、産学で力を合わせて「良いイノベーション」の実現を目指し、研究を進めていきます。それを全（まっと）うするのが私たちの役割であり、また日本の役割なのだと思います。

ただ、イノベーションを実現しても、それを世界中の人々に使ってもらわなければ、まったく意味がありません。加えていうと、イノベーションを実用化に結び付けるには、スピードが大切です。

青色LEDの開発には、三〇年もの時間がかかりました。もしこれをアメリカのシリコンバレーで開発していたとしたら、完成を誰も待ってくれなかったことでしょう。

というのも、アメリカの投資サイクルは長くても一〇年が限度。早いサイクルで開発しなければ、投資してもらえなくなるからです。だからこそ日本でも、今後はより一層、産学が力を合わせて研究開発に力を入れるべきなのです。

白色ＬＥＤの産業界へのインパクト

白色ＬＥＤによって、液晶ディスプレイがどのように進化したか、それについても述べておきます。

液晶パネルは光を透過するシャッター機能と、赤、緑、青の色フィルターを組み合わせた画素から構成されます。液晶パネル自体は発光しないため、テレビやパソコンのディスプレイとして使用する際には、液晶パネルの裏面を照射する白色の光源、いわゆるバックライトが必要になります。

この白色の光源は、かつては冷陰極管という、蛍光灯と同じ原理で発光する部品を使用していました。冷陰極管は、アルゴン（Ar）やネオン（Ne）などのガスとともに水銀（Hg）を封入したガラス管のなかで放電を起こすことで、紫外線を発生させ、ガラス管の内壁に塗った蛍光材料を光らせるものです。

しかし、入力した電力に対して光に変換されるエネルギー効率が低く、また放電によっ

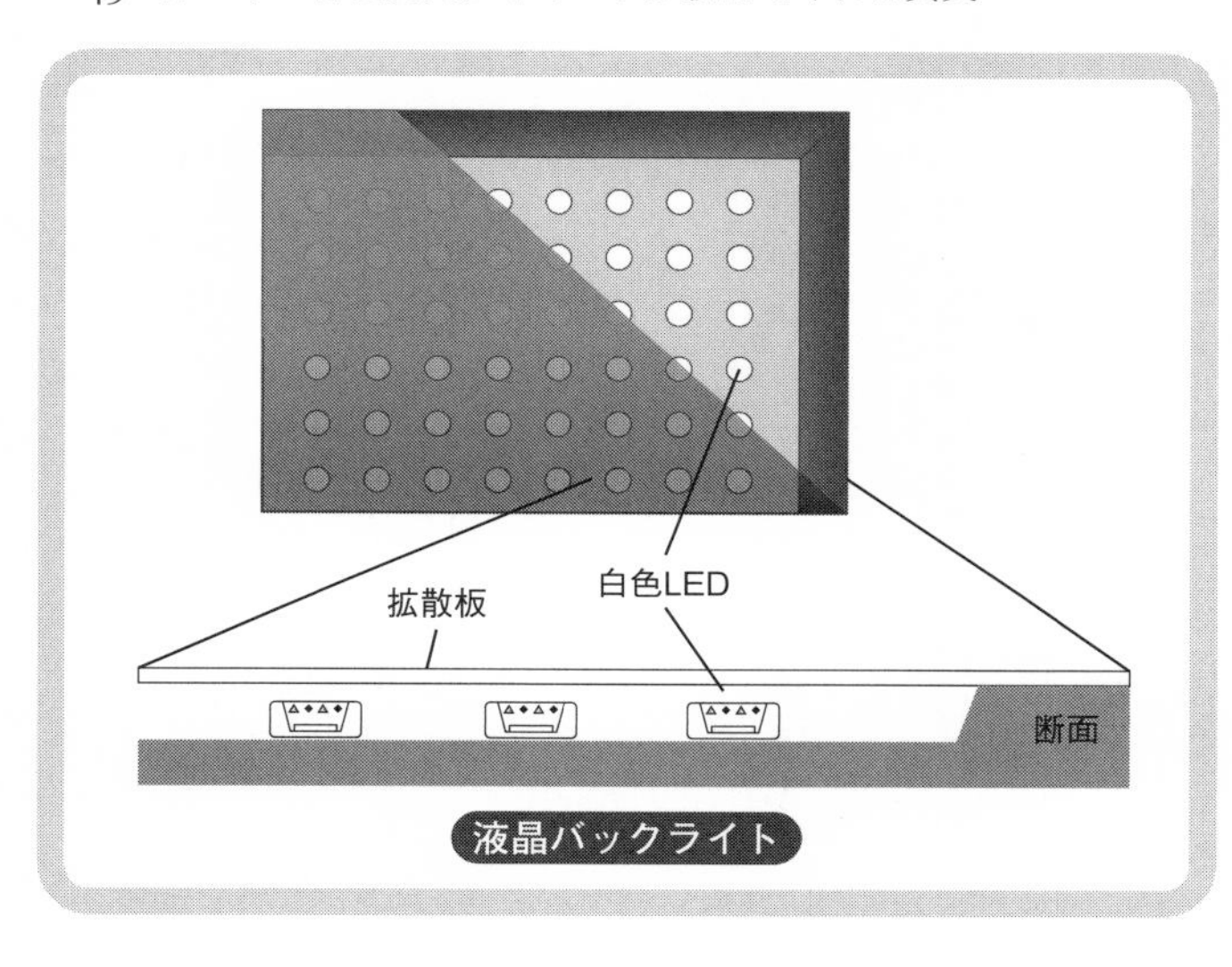

て電極が消耗するため、寿命が短い。加えてディスプレイパネルにする場合に薄くしにくいなど、改良すべき点がありました。さらに、放電を起こすには高い電圧が必要で、そのための高電圧回路が必要だったり、有害な水銀を使わなくてはならなかったりするなど、安全面でも冷陰極管に代わる技術の開発が求められていました。

これに対し、明るい青色ＬＥＤを利用した白色ＬＥＤが開発されると、放電を用いないため、バックライトとしての寿命が格段に延びました。さらに、入力した電力に対して光に変換されるエネルギー効率が大きく向上したため省エネルギーになり、大きなインパクトをディスプレイ産業に与えました。

また、高電圧回路が必要なくなり、水銀を封入したガラス管が薄い半導体素子に置き換わったため、軽くて薄い液晶ディスプレイを作ることができるようになりました。

白色ＬＥＤはディスプレイの薄型化や軽量化に寄与しており、私たちの生活を大きく変えることになった現在のスマートフォンの高機能化を支える技術の一つです。

以上のように、ＬＥＤは人々の暮らしを劇的に変えました。では、この先、ＧａＮはどのような活躍を見せてくれるのか——その点について、次章で述べていきたいと思います。

コラム② 青色＋黄色で白色を作る

ＬＥＤは様々な半導体材料で作ることができます。ＬＥＤの色は、使う半導体材料のバンドギャップという性質によって変わります。

光の三原色というように、白色光は、赤色、緑色、青色の足し合わされたものだと考えることができます。このことから、白色ＬＥＤは、以下の三つに分けられます。

①赤色ＬＥＤ、緑色ＬＥＤ、青色ＬＥＤを組み合わせたもの
②紫外線ＬＥＤと赤、緑、青で発光する蛍光体を組み合わせたもの
③青色ＬＥＤと黄色蛍光体を組み合わせたもの

蛍光体は光を当てることで発光する材料で、様々な色に光るものがあります。ただ、「当てる光の波長は、蛍光体としての色の波長より短くなくてはならない」という条件があります。

そして先に述べたとおり、光の三原色である赤、緑、青、加えてその他の赤外光と紫外光を波長の長い順に並べると、赤外光、赤、緑、青、紫外光になります。そのため、たとえば②の赤、緑、青で光る蛍光体で白色を作ろうとすると、より短い波長の紫外線ＬＥＤの光を当てる必要があります。

一方、③の白色光は青色ＬＥＤの青色と、黄色蛍光体の黄色を足し合わせることで白色光を作ります。黄色蛍光体を用いるのは、三原色のうち青色以外の二つ、赤色と緑色の光を足し合わせると、黄色になると考えれば分かりやすいでしょう。

また、蛍光体が出す光はＬＥＤの出す光に比べて波長の幅が広いため、より自然な

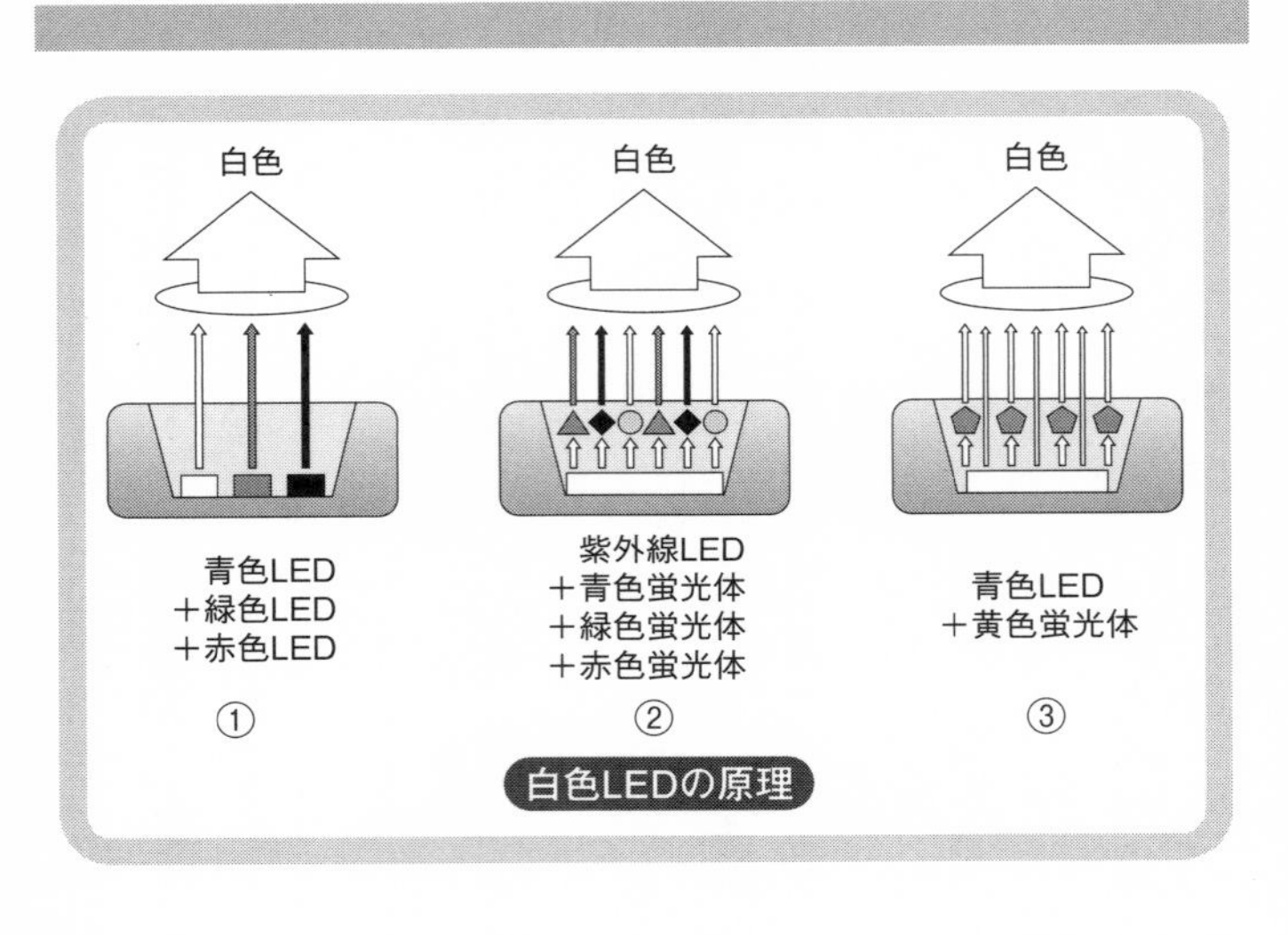

白色LEDの原理

白色になる傾向があります。

加えて白色光を作るために必要な要素も青色LEDと黄色蛍光体の二つなので、現在、③の構成が白色LED光源の主流になっています。

波長が短く、また強く光る青色LEDが生まれたことにより、蛍光灯よりも省エネルギーの白色光源が誕生しました。しかし、この白色LEDでも、エネルギー効率という観点では黄色蛍光体を用いる点で効率が下がっている面があり、もう一段、省エネルギー化を進める技術の実用化に期待したいところです。

その一例はディスプレイです。赤、緑、青の画素により色を再現するディスプレイでは、高効率、すなわち省エネルギーでありながら明るくできる①の赤色LED、緑色LED、青色LEDの組み合わせによるバックライトや、小さなLEDを並べたマイクロLEDを直接使ったディスプレイが使われるようになってきています。

　将来、ディスプレイはどのように変化していくのか——私も注目していきたいと思います。

第二章　次世代半導体で世界をリードするために

「ソサエティ5・0」の日本は

インターネットとスマートフォンの普及により、私たちの生活は大きく変わりました。次に私たちが「身の回りが便利になった」「社会が進歩した」と感じるのは、いつごろになるのでしょうか――。

政府は一〇年先を見通した科学技術振興に関する総合的な計画「第5期科学技術基本計画」において、「ソサエティ5・0」の実現に向けた取り組みを強化すると発表しています。

この「ソサエティ5・0」とは、狩猟社会（ソサエティ1・0）、農耕社会（ソサエティ2・0）、工業社会（ソサエティ3・0）、情報社会（ソサエティ4・0）に続く新たな社会を指すものです。今後、我が国が目指すべき未来社会の姿として、以下の四つの社会の実現を目標に掲げています。

①ＩｏＴで全ての人とモノがつながり、新たな価値が生まれる社会
②イノベーションにより、様々なニーズに対応できる社会

③ＡＩにより、必要な情報が必要な時に提供される社会
④ロボットや自動走行車などの技術で、人の可能性が広がる社会

①のＩｏＴとは「Internet of Things」の略で、「モノのインターネット化」を指します。多くの電化製品、自動車、モバイル機器などがインターネットにつながることを意味しています。

これらの四つの目標は、新しい産業による経済発展のほかに、超高齢社会における安全・安心が約束された生活空間の構築、あるいは格差問題を解消するといった目的を背景にしていると理解しています。

さらにグローバルな視点で見ると、地球環境問題やエネルギー問題への取り組みとも密接に関係すると考えています。この大きな目標に対し、私が専門とするエレクトロニクス技術や、特に半導体技術は、欠かすことのできない重要な分野です。そこで本章では、ＧａＮを素材とする半導体が、これからの社会にどのように貢献できるのか、それを中心に語っていきます。

ＩｏＴとＩｏＥの要となる技術

ＩｏＴ社会は、あらゆる種類の機器がネットワークに接続されます。情報を共有し、利用することで、新たな価値が生まれる場になると期待されています。また、グローバルな社会における様々な情報へのアクセスが効率化し、地域間や階層間の格差の縮小にも役立つと思われます。

そのＩｏＴ社会でネットワーク化されるパソコン、スマートフォン、テレビなどのデジタル家電、あるいは冷蔵庫、洗濯機、エアコンなどの白物家電、さらに自動車など、あらゆる機器には半導体が搭載されています。

すると半導体技術は、ＩｏＴ社会を実現するための基幹技術といっても過言ではありません。

半導体が利用されている機器は多数あります。たとえば外部の情報や機器の状態を取り込む各種センサー、あるいはデジタル信号処理を行うマイコンといわれるマイクロコントローラ、インターネット網と情報をやり取りする通信デバイス、さらにはモーターなどのアクチュエータ、そして電力を供給する電源回路などです。

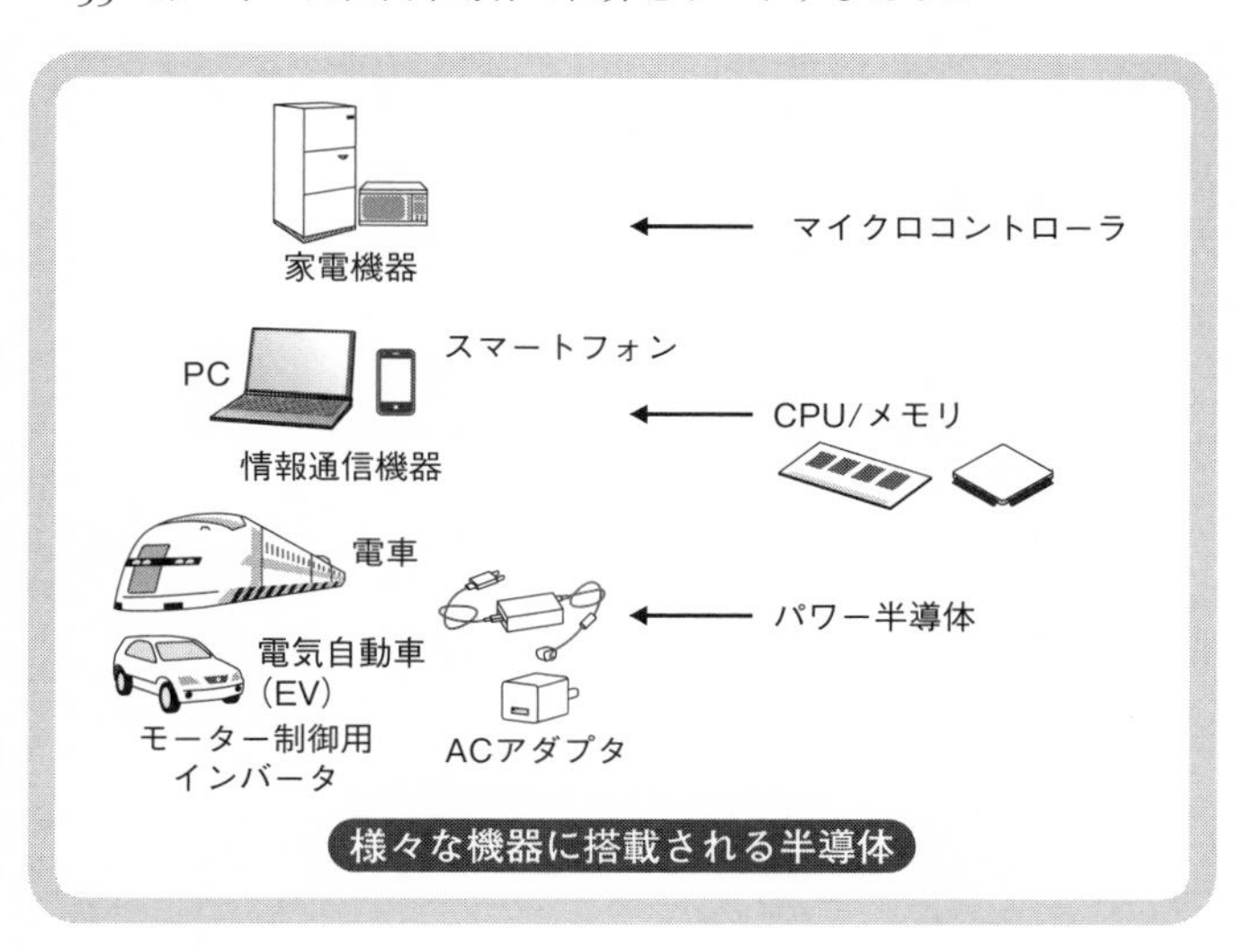

様々な機器に搭載される半導体

集積回路技術の発明によって現在の情報化社会を生み出した主役ともいえる素材、それはシリコンです。しかし、IoT社会では、シリコンが得意とするデジタル演算処理以外にも、先述の各種情報を取り込むセンサーや、動力源となる機器を動かす電力用半導体素子などのアナログ素子が不可欠になります。

シリコンの不得意なところを補うのは、化合物半導体などの材料、特に「ワイドバンドギャップ半導体」と呼ばれる次世代半導体材料による素子が必要になるでしょう。

また、IoT社会ではあらゆる場所で電気エネルギーが必要になり、安定的なIo

T社会を維持するための「ＩｏＥ」が重要になります。

このＩｏＥは「Internet of Energy」の略で、「エネルギーのインターネット化」を指します。様々な場所で、用途に応じて最適なエネルギー供給手段を提供するという概念のことです。このＩｏＥにおいては、大電力を扱うことが得意なワイドバンドギャップ半導体が必要になるのです。

以上のように、今後ＩｏＴやＩｏＥという社会基盤を実現する大きな柱として、シリコンおよびワイドバンドギャップ半導体は必要不可欠な存在であることは間違いありません。そして、私が専門とするＧａＮはワイドバンドギャップ半導体の一つであり、この点で、今後の社会に対して大きな貢献ができると考えています。なお、ワイドバンドギャップ半導体については、のちほど詳しく触れます。

ＩｏＴで実現できること

ここでＩｏＴについて解説します。

ＩｏＴに類似の概念は、様々な分野で、また異なる表現で、以前から提唱されてきたように思います。たとえば「Ｍ２Ｍ（Machine to Machine）」。Ｍ２Ｍとは、人を介さな

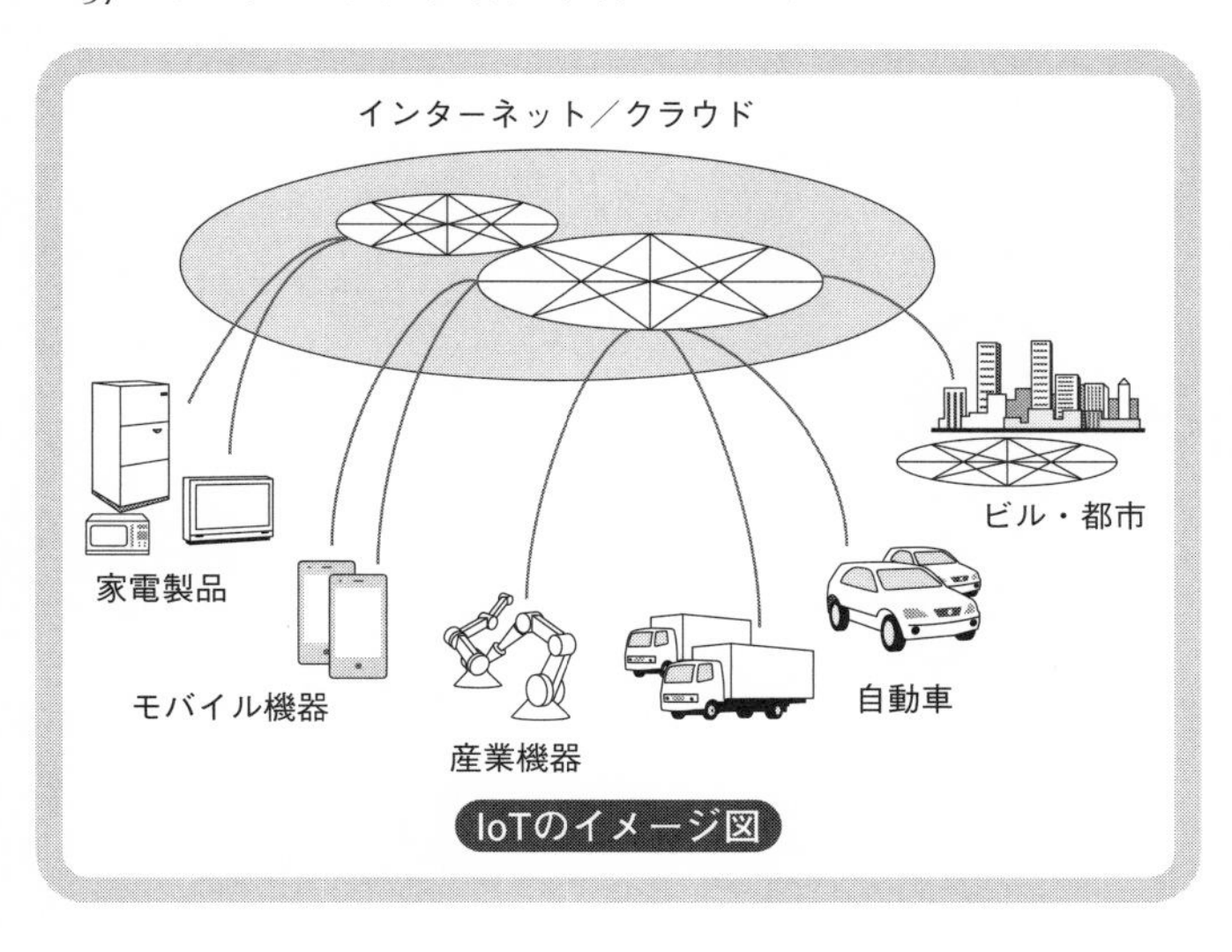

IoTのイメージ図

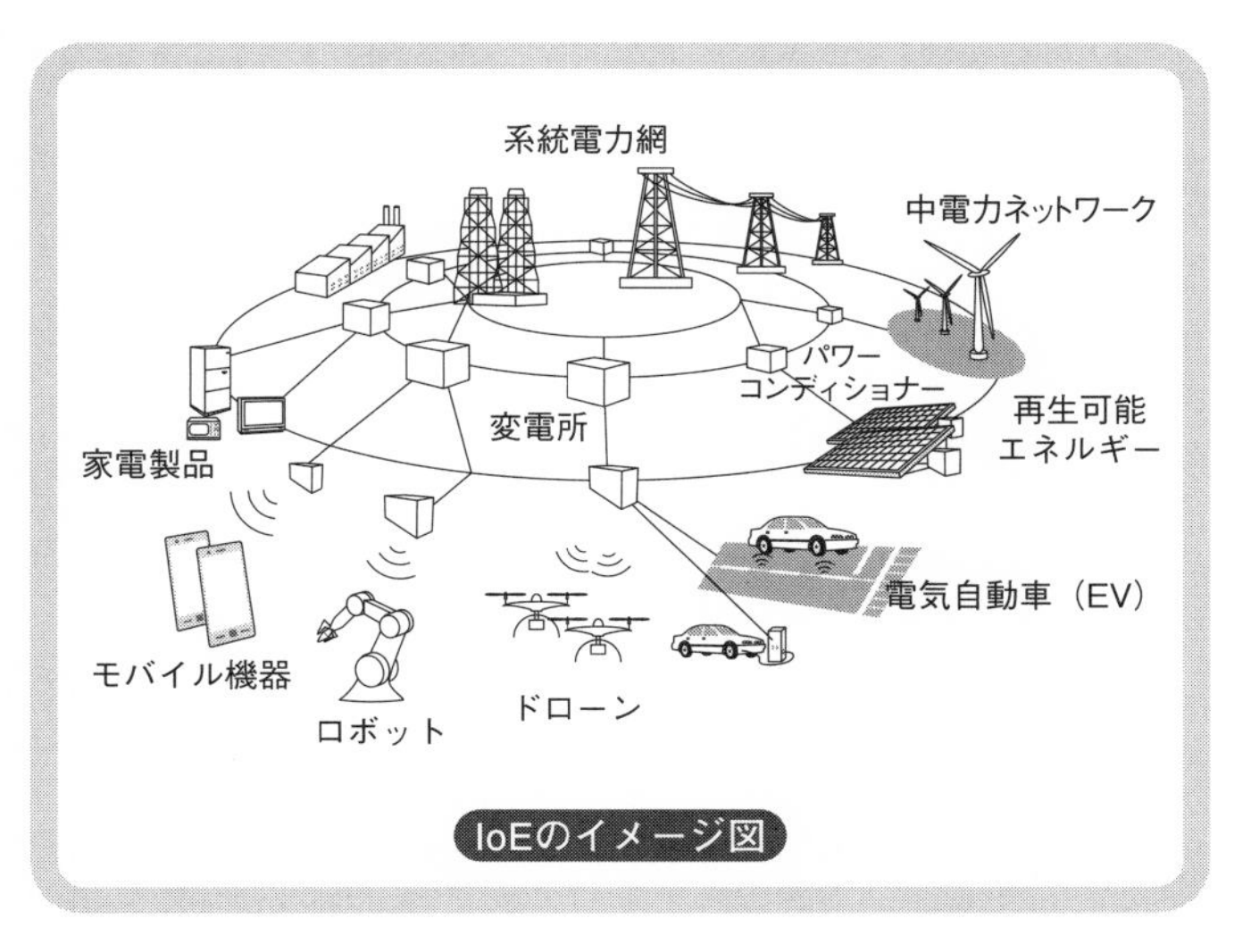

IoEのイメージ図

くても、機械同士がネットワークを通じて情報のやり取りをすることを指します。

厳密には、IoTとM2Mは異なるという人もいます。しかし、インターネットをクラウドとして利用する人が増え、高速の移動体通信の普及によって、様々な概念が融合してきているように感じます。そこでは、利用する技術や目的を厳密に意識することなく、広い意味でIoTと同様だと捉えられるようになっていると思います。

いまではスマートフォンのアプリを利用し、体温、血圧、心拍数、血糖値などのデータをクラウド上に蓄積できるようになっていますし、ランニング中の身体情報をモニターして、その情報をクラウド上に蓄積することも行われています。

また、スマートフォンは用いませんが、産業分野では、センサーと携帯電話システムの通信モジュールを内蔵したインターフェース装置を機器に搭載し、通信網を介して機器の情報の収集や制御（せいぎょ）に利用していることもあります。

たとえば、自動販売機、電力メーター、ブルドーザー、建設機械などのトラッキング、あるいは電気自動車（EV）など、すでに様々な分野で使われており、生産性の向上につながっているのです。

インターネットにつながるものや通信回線でネットワーク化されるものは、着用できる

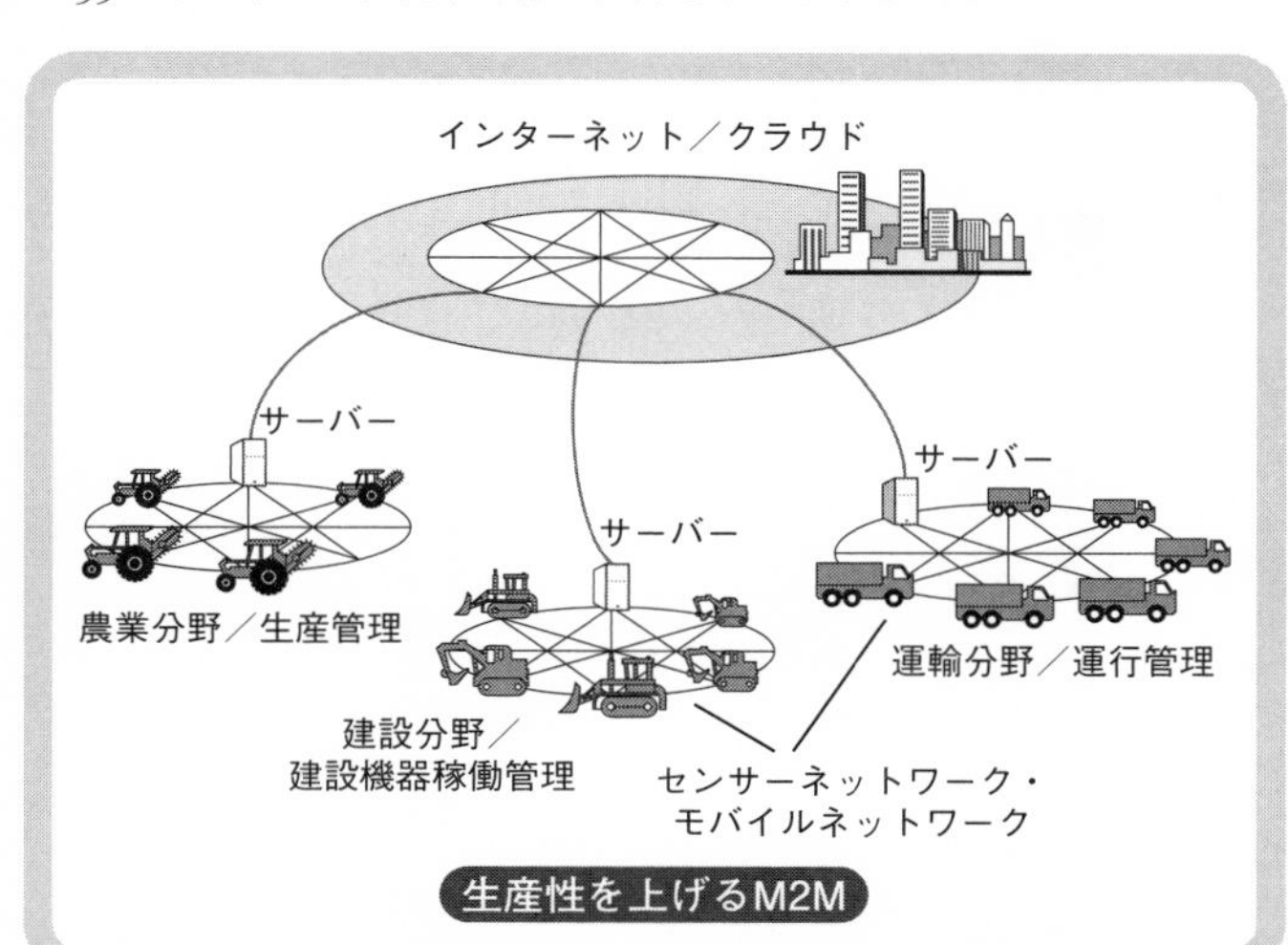

生産性を上げるM2M

ヘルスケア機器などの小さなものから、工場の産業用設備、工事現場の建設用機器、さらには橋やトンネルなどのインフラ設備に類する大きな構造物まで、様々なものが含まれます。

今後、5Gの環境が整えば、さらにネットワークにつながるものが増え、クラウドに蓄積される情報の種類と量も桁違い（けたちが）に増加するでしょう。そして、そこから得られる有益な情報の量や精度が格段に向上すると予想されています。さらに、こうして得られた情報によって、省エネルギーや温暖化ガス排出削減につながる新しい解決方法や取り組みが生まれることが期待されています。

太陽光発電の弱点を補うシステム

ここでIoEを掘り下げてみたいと思います。

IoEは、「Internet of Everything」の略語、すなわち「すべてのモノのインターネット化」の意味で使われることもあります。しかし本書では、あらゆる機器がネットワーク化されるIoT社会で、あらゆる場所でエネルギーが得られるような環境を表す「Internet of Energy」という意味合いで使っています。

IoT社会でネットワーク化される機器は、ほぼすべて電気エネルギーを必要とします。そのためIoEは、送電系統や配電系統の電力ネットワークに加え、実際に機器が使用される工場内や宅内の配電設備、さらにはモバイル機器に使用される電池も含めた電源環境の概念になります。

IoEのネットワークは、発電所や再生可能エネルギーなどの分散型電源や蓄電設備も含め、相互に情報を共有しつつ連携した運用が必要になる高度なエネルギーシステムです。

日本では、特に、このIoEが必要です。それはなぜでしょうか？　我が国固有のエネルギー事情、特に電源構成の視点から説明します。

二〇一一年三月一一日の東日本大震災以降、多くの原子力発電所は一時停止を余儀なくされています。その結果、化石燃料に依存する火力発電の割合は、六二%から八八%に急増してしまいました。化石燃料への依存度が高いのはアジア諸国に共通した特性であり、欧米の多くの国々と大きく異なっています。しかし、世界的には地球温暖化対策が求められており、日本も化石燃料に強く依存している現在の電源構成を変えていく必要があるでしょう。

原子力発電所の再稼働が容易でない状況が続く日本では、火力発電所からのCO_2排出量を削減する取り組みを行うと同時に、太陽光発電など再生可能エネルギーの割合を増やす必要があります。しかし、再生可能エネルギーの最も大きな問題点は、発電量が安定しないことです。

電力網を安定的に運用するには、電力需要の変化に供給が素早く対応できるシステムを構築しなければなりません。そのためには、不安定な発電システムから得た電気エネルギーを貯め込み、電力の需要が増えた際、瞬時に供給できるバッテリーのようなエネルギーサーバーが必要になるでしょう。

昨今、ＥＶの普及に期待が集まっている理由のひとつは、走行中のCO_2排出量削減と同時に、エネルギーサーバーとしての役割が期待できるからです。

現在、特に九州では、太陽光発電によるメガソーラーの設置が進んでいます。しかし太陽光発電は、日照不足による発電不足という問題と、需要に対して発電量が上回ると、系統の安定運用のため、メガソーラーからの送電を遮断しなければならないという問題を抱えています。

しかしＥＶが普及し、さらに走行中にワイヤレスで充電ができる仕組みが実現したら、問題は一気に解決します。供給過多になった電力は、街中のＥＶのバッテリーに貯めれば良いからです。つまり、発電した電力を無駄にせずに済むわけです。

このような点から、ワイヤレス電力伝送技術が組み込まれたＩｏＥ社会に期待しています。

コラム③ デジタル技術とアナログ技術

ＩｏＥに欠かせないデジタル技術とアナログ技術について解説します。

身の回りの電子機器の多くは、デジタル回路とアナログ回路で成り立っています。

シリコンによる集積回路技術（ハードウェア）と、プログラミングによるデジタル信号処理技術（ソフトウェア）が融合することで、高性能のコンピュータや高機能のスマートフォンが身近になりました。そして、いまではこれら高性能のコンピュータのない生活など考えられません。

また性能は違いますが、同様の機能を持つマイクロコントローラが家電製品などの電子機器部品に搭載され、私たちは意識することもなく、デジタル技術の恩恵を受けています。ただし、私たちが直接扱う情報は、目で見る映像も、耳で聴く音も、基本的にはアナログの情報です。また、動力やエネルギーも、アナログの物理量として利用しています。

スマートフォンの場合は、情報を表示するディスプレイ、指で情報を入力したり画面の拡大・縮小を行ったりするタッチパネル、音声認識に用いるマイク、個人認証に用いるカメラ、画面を回転させる加速度センサーなどにアナログ技術が必要になります。

また、電池の充放電を制御する電源回路やワイヤレス通信機器として、電波を送ったり受けたりする通信回路にも不可欠です。

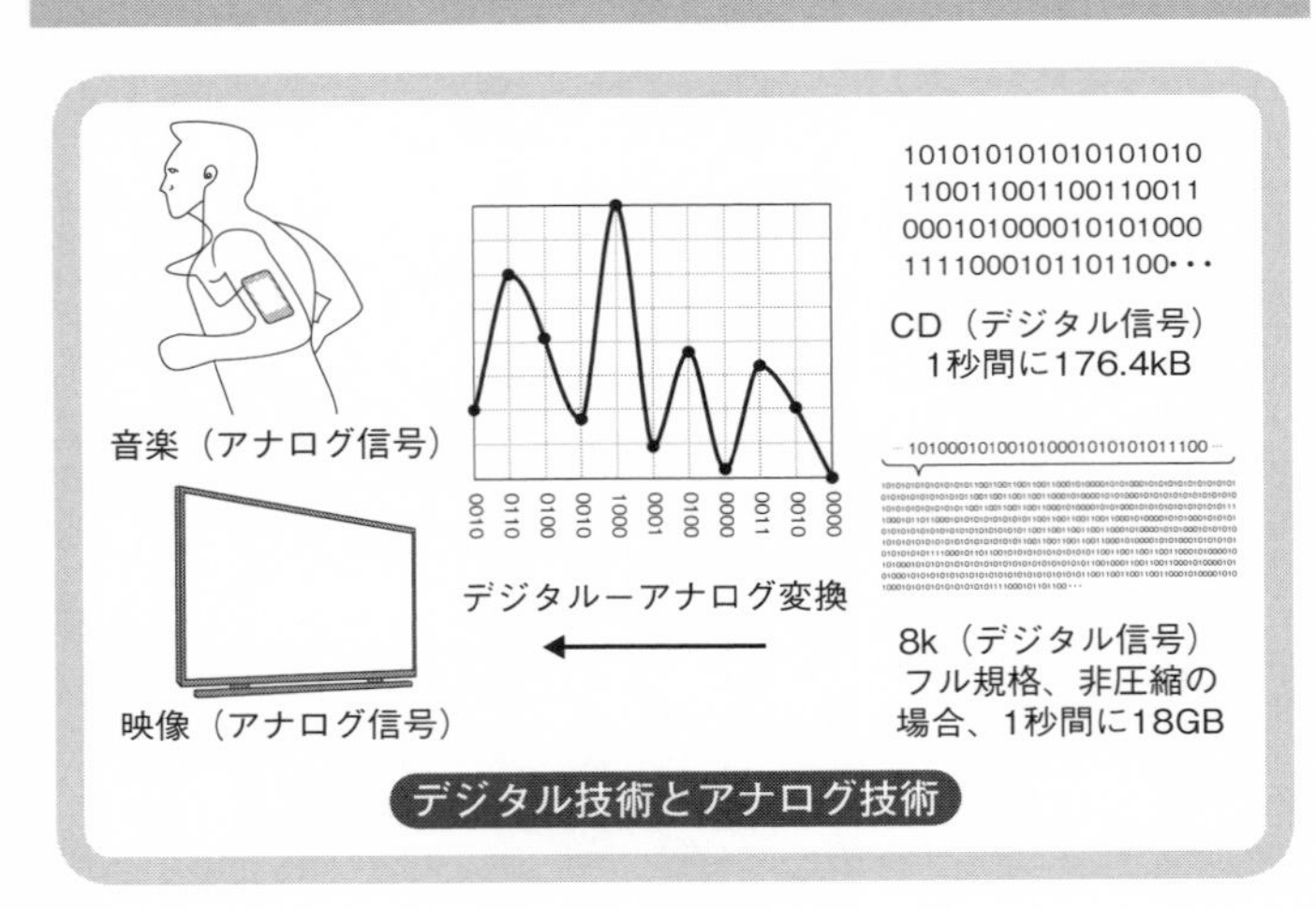

デジタル技術とアナログ技術

ＩｏＴ社会はあらゆるモノがネットワーク化され、様々な情報がインターネット上で共有され、利用されるイメージです。しかしスマートフォンと同様に、ＩｏＴで利用されるセンサーや機器類、動力系の設備など、物理的な情報の入り口や出口には、やはりアナログ技術が使われるのです。

ＩｏＥにおいて、ネットワーク全体を効率的に制御・管理する際、インターネットを介した情報の提供や入手、そして最適に制御するための信号処理などに必要なものはデジタル技術ですが、その一方で、電気エネルギーを生成する太陽光発電や風力発電などの発電装置ではアナログ技術を用います。

また、発電装置と送電網・配電網とのインターフェースとなるパワーコンディショナー、モバイル機器やＥＶに電力を供給する電源装置、電気エネルギー供給網として安定性を保つ蓄電池などにも、アナログ技術は不可欠なものとなります。

ＧａＮが秘める巨大な潜在能力

ＩｏＥと私が研究を続けるＧａＮの関係についても触れておきます。

ＩｏＴ社会の情報ネットワークを支える基盤として、シリコンを使った集積回路技術が必要不可欠です。同様に、ＩｏＴ社会をエネルギー面で支えるＩｏＥには、パワーデバイスによるパワーエレクトロニクス技術が必要になります。パワーデバイスとは、モーターなどの動力源になる機器に電力を供給する電力用半導体素子や、大きな電力を増幅する半導体素子のこと。電圧や周波数を変えるときにも用いられます。

ＩｏＥは、発電し、蓄電し、送電しなければ、成立しません。だからそれぞれの過程で、電力を扱うのに適したパワーデバイスや回路が必要になります。パワーデバイスは、再生可能エネルギーを送電網に安定して送るためのパワーコンディショナー、ＥＶや鉄道車両のモーターを駆動するインバータ回路、高周波の電力を増幅する電力増幅器などに不可欠なものです。

ちなみにパワーコンディショナーとは、電力系統に接続される再生可能エネルギーの発電設備、あるいは蓄電池などを組み合わせた電力ネットワークにおいて、安定した電力が供給できるように、各設備間でやり取りされる電力の調整を行う機器のことです。

これらパワーデバイスには、現在、主にシリコンデバイスが用いられています。しかし、素子の電気抵抗による電力損失が大きい。だからそれを低減するために、シリコンよりも素子の電気抵抗を小さくできるＧａＮを含む、ワイドバンドギャップ半導体によるパワーデバイスの実用化が期待されているのです。

ワイドバンドギャップ半導体には、ＧａＮの他に、シリコンカーバイドやダイヤモンド、そして酸化ガリウム（Ga_2O_3）があります。それぞれの素材の評価は、立場によって様々です。シリコンカーバイドの普及に人生を懸けている研究者もいれば、ダイヤモンドや酸化ガリウムという材料に期待を寄せている研究者もいます。これらすべての素材で研究を続ける研究者群が数多く存在するのが、日本の強みです。

ここで述べたシリコンカーバイドの研究には、長い歴史があります。日本では、京都大学名誉教授の松波弘之（まつなみひろゆき）先生、同じく京都大学教授の木本恒暢（きもとつねのぶ）先生、国立研究開発法人 産

業技術総合研究所 先進パワーエレクトロニクス研究センター長の奥村元氏らがリーダーとなって、研究を行ってきました。現在、すでに電車用のインバータなどで社会への実装が進んでいます。

一方、ダイヤモンドは、次世代の半導体の素材としては物性的に優れており、実は三〇年以上の長い研究の歴史があります。産業技術総合研究所の山崎聡氏や物質・材料研究機構のグループなどが精力的に研究を続けています。ただし、デバイスに仕上げるために必要になる、結晶としての電気特性のコントロール面に、大きな課題があります。加えて高価なため、低コスト化を実現させなくてはなりません。

では、酸化ガリウムはどうでしょうか？　低コストで作製できる可能性があり、国内外でデバイス化の研究が進んでいます。日本では京都大学教授の藤田静雄先生のグループ、東京農工大学教授の熊谷義直先生、国立研究開発法人 情報通信研究機構のグループなどが中心になって、研究を行っています。

炭化ケイ素（シリコンカーバイド）、ダイヤモンド、酸化ガリウムの研究をしている研究者は、それぞれの材料の特長に着目して研究をしています。私も同様に、ＧａＮが秘める巨大な潜在能力を引き出すことができれば、青色ＬＥＤ以外の分野でも、社会に貢献できると考えて研究を進めています。

今後、最もビジネスで成功する可能性が高いのは、ＡＩやＩｏＴを動かすエネルギー分野だと思います。そして電気を効率良く使ったり、ワイヤレス伝送したりするエネルギー分野なら、材料はワイドバンドギャップ半導体しかない。いま私たちが頑張れば、必ずや世界をリードできると確信しています。後述するように、産学で研究に取り組んでいる理由も、まさにここにあるのです。

インバータを高性能にするデバイス

ＩｏＥに欠かせないパワーデバイスについても解説しましょう。

パワーデバイスが、電力用半導体素子や、あるいは大きな電力を増幅する半導体素子のことであることは、すでに述べました。より詳しくいうと、パワーデバイスは、使用電圧が数十ボルト以上で、アンペアクラスの大電流をオン・オフしたり増幅したりする、ワットクラスの電力を扱える半導体素子のことです。

あらゆる動力機器の省エネルギー化を実現するキーデバイスとして、パワーデバイスには、大きな期待が寄せられています。

パワーデバイスは、すでに多くの機器の電源部分、あるいはモーターの駆動回路に使われています。身近な例を挙げれば、インバータ方式のエアコン。コンプレッサ用制御回路として導入されています。コンプレッサ（圧縮機）は、エアコンのガスをモーターにより圧縮するものですが、モーターは停止状態から回り始めるときに大きな電流を必要とします。だからエアコンを点けた直後、コンプレッサが動き始めるときに、たくさんの電流が流れるわけです。

そのため、エアコンを頻繁に点けたり切ったりを繰り返すと、温度設定をした連続運転よりも消費電力が増えることがあります。これはオン・オフを繰り返すたびに、一度モーターを止めて、また動かすから。使用状況にもよりますが、自動制御によって回転数を制御しながら止めることなく運転するほうが、動力的には効率的です。

このコンプレッサの回転数の制御は、パワー半導体のオン・オフによるスイッチング回路（インバータ回路）によって行われます。パワー半導体のスイッチングの周期や、オン状態とオフ状態の時間間隔を変更することで、モーターを回す電流の大きさや周波数を制御するのです。ここでは、モーターの回転数を自在にコントロールできる機能を利用しています。

現在、世界中の総電力の四〇～五〇％が、動力用のモーターによって消費されているといわれます。しかしパワーデバイスにより、モーターを動かす電力の省エネルギー化が進めば、大きな原子力発電所が数十基不要になるぐらいの効果が期待できるといわれています。このことから、モーターの回転数制御に利用できる低消費電力のワイドバンドギャップ半導体の研究開発は、現代において重要な課題なのです。

ＧａＮの三つの特長

さて、本書の主題たるＧａＮには、どのような可能性が秘められているのでしょうか。

ＧａＮによる青色ＬＥＤが実現したため、世の中の照明やディスプレイシステムは、大きく変わりました。効率の良い白色の光源ができたので、テレビやスマートフォンなどのディスプレイは薄く、そして軽くなり、ビルの外壁にはフルカラーの電光掲示板が設置されるようになったのです。また、白熱電球や蛍光灯に代わる高効率・低電力・長寿命の照明としても、一気に普及しました。

シリコンや、そのほかのワイドバンドギャップ半導体には、それぞれ優れた点がありますが、ＧａＮの特長は以下の三点です。

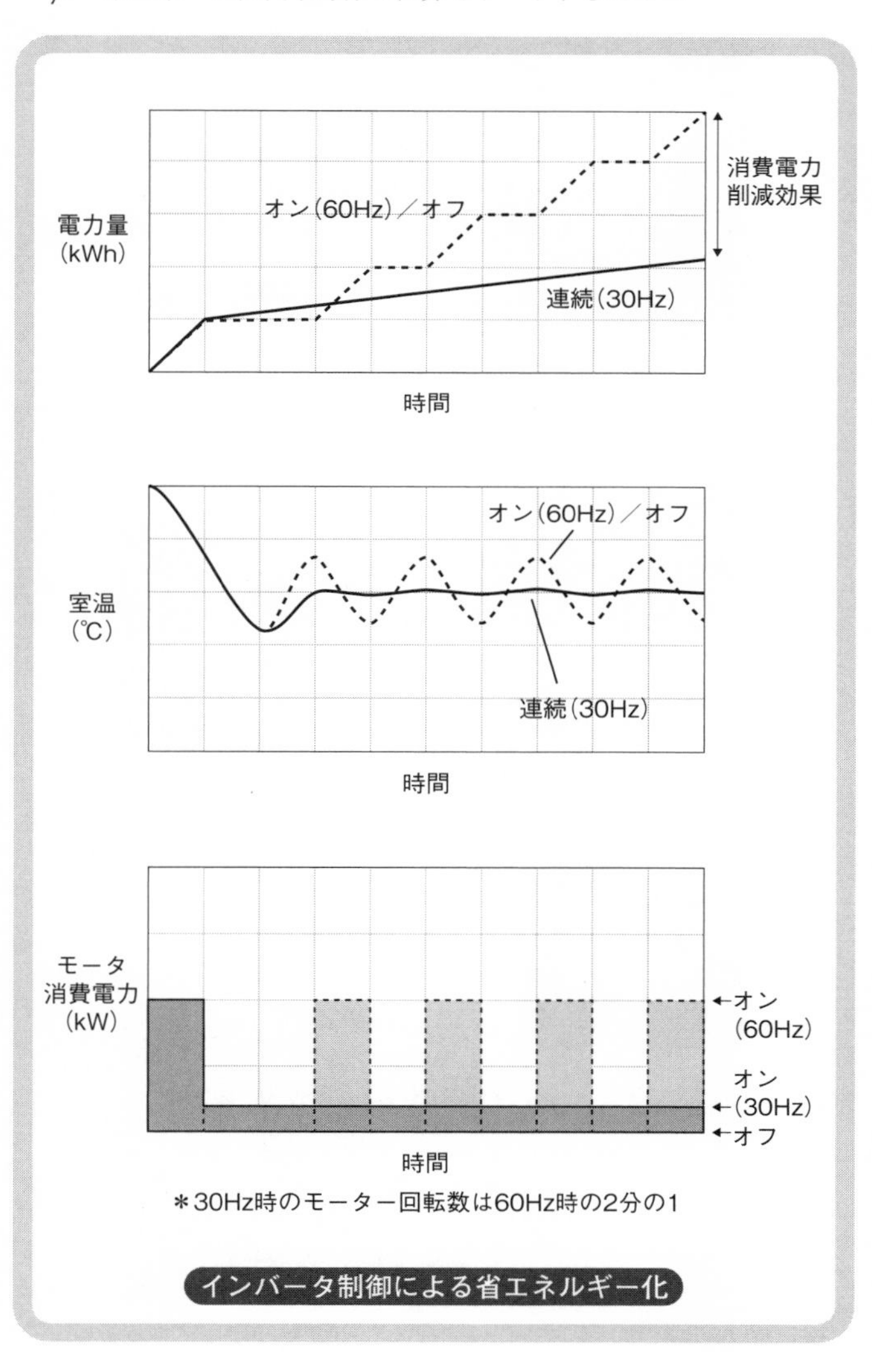

インバータ制御による省エネルギー化

LEDの実用化例「照明」提供：名古屋大学

LEDの実用化例「信号機」提供：名古屋大学

LEDの実用化例「車のヘッドライト」提供：名古屋大学

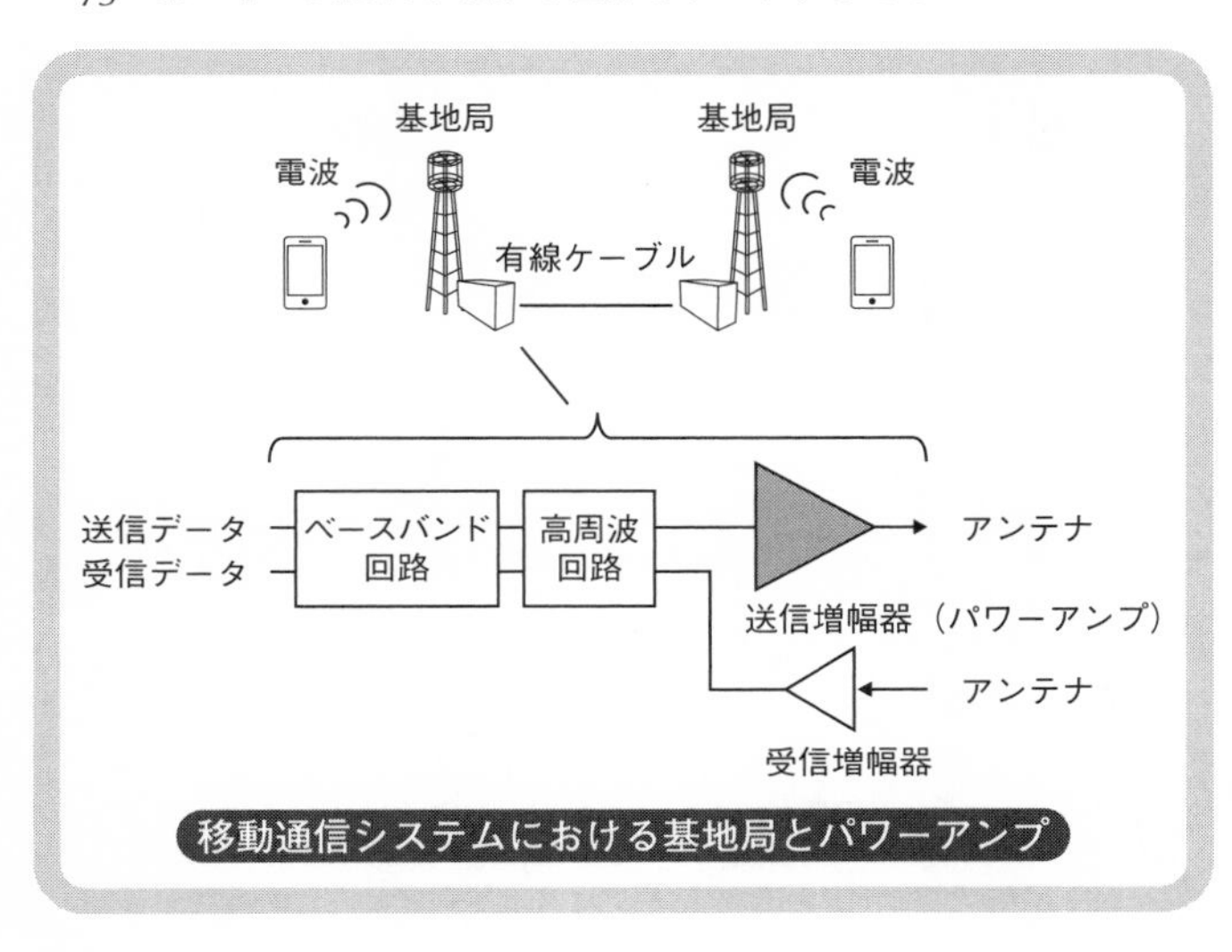

移動通信システムにおける基地局とパワーアンプ

①光る
②高電圧に強い
③動作速度が速い

まず①の光るという特長。現在、身の回りの光源として、ＧａＮが最も多く使われています。

次に、②の高電圧に強い、③の動作速度が速い、についてです。

シリコンはデジタル演算回路の素材として優秀な特性を持っています。というのも、この素材は電気エネルギーをあまり使わず、小さい電圧で演算を行い、処理することに向いているからです。

デジタルは「0」と「1」の世界です。その0と1を示す電圧をスイッチすることで情報を処理する製品、たとえば腕時計やスマートフォン、あるいはパソコンや計算機などに、このシリコンの集積回路が使われています。

一方、再三述べているとおり、大きな電力を使うもの、つまり大きな電圧や電流を扱うのに適しているのは、シリコンよりも高電圧に強いワイドバンドギャップ半導体です。また、ワイドバンドギャップ半導体のなかでも、GaNのなかを走る電子は「かなり速い」のが特長です。したがって、大きな電力を扱い、速くオン・オフする必要があり、かつ高周波信号を扱う製品に向いているのです。

このように大電力の高周波信号を扱うのに適したGaNは、すでに通信分野で使われています。たとえばスマートフォンの基地局がその代表でしょう。スマートフォンに電波を届けるのは、全国に設置された基地局が担っています。

基地局は、スマートフォンに電波を届けたり、スマートフォンから送信した電波をいったん受け取り、それを携帯電話会社に送ったりする役割を担っています。その基地局のなかには、電波を遠くまで届けるための「パワーアンプ」と呼ばれるデバイスが入っており、そのデバイスにGaNが使われています。光源以外にも、少しずつ、GaNは世の中

携帯電話基地局　提供：名古屋大学

携帯電話基地局送信パワーアンプユニット　提供：名古屋大学

で使われ始めているのです。

シリコンと比べたGaNの性能

GaNはシリコンと比べると、半導体として高い性能を持っています。しかし、コストが高いのが大きな問題。シリコンなら一二インチの結晶の製造コストは数千円ですが、GaNとなると、二インチ程度の小さな結晶が通常入手できるサイズであり、しかも一〇万〜三〇万円ほどもかかってしまうのです。今後は少なくとも一〇分の一のコストに抑えなければなりません。

GaNの基板市場における日本の占有率は八五％以上。アメリカやヨーロッパの国々は、この分野に手を出せない状況です。だからこそ、国内の大学が主導するかたちで、GaNの低コスト化に本腰を入れて取り組むべきです。

GaNを使った半導体が進化すれば、どのようなことが起こるのか？　超小型LEDを利用したディスプレイを開発できるでしょう。現在の液晶ディスプレイは、特定の色を出すために他の色をフィルターでカットし、処理しています。そのため光の透過率は五％程度。しかし超小型LEDが実現したら、色をそのまま表示することができる。すると理論的には、透過率は一〇〇％になります。

現在も、このような製品があるにはあります。ただ、非常に高価です。二二〇インチの大画面で一億円以上と、とても一般家庭に普及させることなどできない状況です。だからこそ、私は価格破壊を起こしたいと思っています。

これまではＬＥＤを一つずつ並べていました。これを変えて、ウェハ上にたくさんのチップを一度に形成するという半導体の製造工程を用い、ディスプレイを作る技術に取り組んでいます。

この技術を使えば、販売価格は現在の七〇分の一ともなる一七〇万円以下にできると考えています。もちろん、まだまだ安価とはいえませんが、それでも一気に低価格化することは間違いありません。

さらに、こうした技術をスマートフォンに導入します。するとディスプレイの消費電力は、現在の半分程度に削減できるので、バッテリーの持ち時間を長くできることでしょう。加えて画面が非常に明るく、綺麗に見えるようになります。

これを必ず実現させて、世の中の役に立ちたい、その思いで、これからも研究を続けていくつもりです。

GaNで省エネと脱炭素を

二〇二〇年から、第5世代移動通信システム（5G）のサービスが都市部で開始されます。5Gは、第1世代から継続的に行われてきたモバイル通信の伝送速度の高速化と大容量化を、さらに推し進めるものとして計画されました。

また、IoT社会を支える情報ネットワークの構築も、5Gの大切な役割です。

総務省の資料「第5世代移動通信システム（5G）の今と将来展望」によれば、現在の移動通信システム（4G）に比べて一〇〇倍の伝送速度になり、最大で一〇Gbps（ギガビット毎秒）の、高速大容量のモバイル通信環境を提供するといいます。

桁違いの高速大容量のワイヤレス通信を可能とする移動通信システムにより、これまでのワイヤレス通信ネットワークを利用して行われていたサービスを高度化するとともに、新たな利用形態でのサービスが可能になるでしょう。

そのサービスの一つに、患者から離れた場所にいる医師が、モニターを見ながら診療を行う遠隔医療があります。遠隔医療による診察の場合、モニターを通して医者が患者に問診することになりますが、会話以外にも、患者の顔色や細かな表情を観察するなどして、診察することができるのです。

５Ｇ以前の社会では、インターネット回線を使ったテレビ電話が主でした。しかし、従来のワイヤレス通信ネットワークが介在する状況では画像の質が低く、診察に利用できるレベルではありませんでした。その解決策の一つとして、５Ｇによる移動通信システムが期待されているのです。

５Ｇでもう一つ特筆すべき点は、一〇〇〇分の一秒以下の低遅延性（４Ｇに比べて時間の遅れが一〇分の一以下）と、ほぼ遅れがなくなること。これによって、私たちは時間のずれ、たとえば対話中の不自然な間に悩まされることなく、スムーズな対話ができるようになるでしょう。

その低遅延性を活かした遠隔手術についても、可能性が出てきたといわれています。５Ｇ以前にも類似のものはありました。施術する医師に助言するため、患者から数メートル離れた隣室で様々な専門性を持つ医師たちと３Ｄモニター上の画像を共有、患者にとって最善の方法を確認しつつ手術を行うことがあったのです。

しかしこのとき、映像情報の伝送にケーブルを用いると、手術室内に映像用通信ケーブルを何本も引き回すことになり、手術の邪魔になってしまいます。また手術前後の消毒作

特長	性能	たとえると
通信の高速性	最高 10ギガビット/秒	2時間の映像コンテンツを 3秒でダウンロード
リアルタイム性	1000分の1秒以下の 遅延性	リアルタイム感覚で 遠隔地のロボットを制御
多数同時接続	1キロメートル四方で 100万台	1部屋で 100台の端末・センサーを ネットワークに接続

5Gの特長

業など、煩雑（はんざつ）な作業が発生します。ところが、低遅延の高速・大容量のワイヤレス通信技術なら、こうした問題も解消できます。

また、自動運転も進化するでしょう。車載センサーと車載コンピュータによって実現している現状のシステムでは、その処理能力のほか、コンピュータの電力消費が大きいという問題があります。そのため、いずれは無線接続によるネットワーク上のサーバーを利用した高度な自動運転システムが実用化されると考えますが、その無線接続の遅延が大きいと、大きな事故につながる危険性があります。

ところが5Gシステムでは一〇〇〇分の

一秒以下の遅延で通信可能なため、間違いなく安全性が向上することでしょう。仮に自動車が時速一〇〇キロで走行していても、数センチ進んだところで応答できることになるわけです。事故につながる危険性が劇的に減ることは、間違いありません。

ワイドバンドギャップ半導体による高周波デバイスは、５Ｇシステムの高周波電力増幅器に使用されており、これら高速・大容量で遅延の少ない通信システムの基盤技術として、重要な位置を占めると考えています。

私たちが現在研究しているエレクトロニクス技術、特に半導体技術は、新しい産業による経済発展はもとより、超高齢社会における安全・安心が約束された生活空間の構築、格差問題の解消など、グローバルな課題の解決に必要不可欠な技術であることを理解してもらえたかと思います。

私はそのエレクトロニクス技術、特にＧａＮによって、省エネルギーと脱炭素という観点から、世の中の役に立ちたいという思いで研究を進めています。白色ＬＥＤによる光源の低消費電力化の次の目標の一つとして、パワーデバイスの低消費電力化を視野に、日々研究を行っています。

　しかし、大学において研究を進めるうえで、研究資金の手当てや若手研究者の育成など、様々な問題にも直面しています。そこで次章では、大学教員から見た日本の研究環境に対する思いを述べたいと思います。

第三章　日本の研究力はまだ強い

競争的資金の課題とは

日本の国立大学は、国から定常的に配られる資金（運営費交付金）を基礎として、その他に各種の補助金、委託研究費、科学研究費助成事業（科研費）など、いわゆる競争的資金によって運営されています。

近年、運営費交付金は、毎年約一％ずつ減っており、代わりに競争的資金が充当されています。そのため、国全体としての研究関連予算は毎年増加しているというのが、行政側の考えです。

しかし大学教員の立場からすると、これは、将来の科学技術を担う研究人材を育成するうえで大きな問題だと感じています。

なぜなら、減少している運営費交付金は任期のないパーマネントの教職員の人件費などに充てられることが多いので、将来の科学技術を担う人材に対する安定的な投資は減っていることを意味するからです。

また競争的資金は、各省や、それを取り巻く研究機関がテーマと予算枠を設け、大学や企業が競い合って予算を獲得するもので、応募時の提案書やプレゼンで重要性を理解してもらい、予算を付けてもらうシステムです。研究者自身が自分の研究の意義を説明し理解を得るというプロセスは重要だし、それぞれの大学や研究者が切磋琢磨して競争力を付けるという点では、たいへん良いことだと思います。

ただ現状は、当然のことながら「予算獲得能力」の高い研究者に予算が集中し、また提案書やプレゼンで理解してもらわないといけないので、ややもすると、研究成果が短期的で分かりやすい分野に偏る傾向があると感じます。

その反面、すぐには答えが出ず、長期的に取り組む必要がある研究では、資金を獲得するのが難しくなり、結果として、その分野の研究活動が停滞してしまうこともあり得ます。

また、競争的資金が集中する高名な先生のテーマや流行の分野となると、若手研究者はプロジェクトのなかで一部分を担うだけになり、自主性を育むべき貴重な時期に、独創性のある研究活動ができなくなる可能性もあるのです。

私は、赤崎先生のもと、自由に研究をやらせてもらった経験が自身の糧になり、現在に至ったと強く思っています。このことから、研究の場では、若手が信念を持って新しい研究提案を持ってきたら、「それは面白い、ぜひ挑戦してみなさい、私もサポートするよ」

と勇気づける、そんな研究環境を提供するよう常に心掛けています。

ただ、教員の裁量である程度の研究環境を整えることはできますが、研究資金については、必ずしも簡単ではありません。この点で、若手研究者が長期的・計画的に自立して研究を行うことができる資金配分のあり方を、政策レベルで検討してもらう必要性を感じています。

産官学で若手研究者のポスト確保

運営費交付金という基礎的研究費の減少と、それを補おうとする競争的資金の増加に伴い、日本の大学では、任期付きの若手教員の数が一気に増えています。任期を限らざるを得ないのは、将来、競争的資金で賄っていた予算が減少する可能性があるからです。

数年先の予算が勝ち取れるかどうか不明瞭な状況では、長期間にわたって教員を雇う見通しは立ちません。

私は任期があること自体は悪いことだとは思いません。しかし任期付きの若手教員たちは、常に任期が終わったあとのことを考え、新しい職場を探し続ける必要が生じます。研究者人生で、いつまでもそのような状態が続いていては、研究に集中することが難しくなるでしょう。

私たちの研究室には、海外からの研究者も数多くいます。任期付きで研究に当たっていますが、彼らの多くは、母国に戻った際の受け皿、すなわちポストが十分にあります。

このように受け皿が十分にあり、研究者が自由に動ける環境が整えば、研究者は不安を感じずに、いま行っている研究に没頭できるはず。この点で、欧米諸国やアジアの新興国と比べて日本は、研究者の待遇が劣っていると痛感しています。

たとえば日本人の研究者は、任期が五年だったら、四年で結果を出さなくてはなりません。最後の一年は、次の職探しに充てざるを得ないからです。

私たちは、この状況を改善していかなくてはなりません。最低限、任期中は研究に専念し、次のポストを見つけるまでは、一定のサポートが受けられるような仕組みを、日本全体で作っていく必要があるのです。

それを実現させる策として、たとえば各大学や国公立の研究機関、あるいは民間企業で、「流動枠」を設けられないかと考えることがあります。とにかく、一年単位の任期で高い研究成果を求められる若手研究者の現状は、すぐに改善されなければなりません。

大学発の論文は減っていない

近年、日本の大学や企業の研究レベル低下を指摘する声もありますが、私はそんなことはないと思っています。様々な白書を読んでいると、日本人研究者による論文の数が減っていることが分かります。しかし、よくデータを見ると、大学で書かれた論文数はそれほど変わっておらず、企業からの論文が減っているだけなのです。

では、企業は研究を怠(おこた)っているかといえば、そんなことはありません。

民間企業に勤める技術者たちと話をする機会が多々あります。その話の端々(はしばし)から、企業独自の斬新な技術や今後の産業を担うイノベーションの種をたくさん持っていると感じています。そうした技術を活かし、新しいビジネスにつなげようとする活動は、精力的に行われているわけです。

しかし、論文発表という手段の位置付けが、企業のなかで変わってきているという話をよく聞きます。

私が学生だったころ、たとえば関係する応用物理学会に出席すると、企業の存在感が圧倒的に強く、研究内容の質も高かったことを覚えています。その後、デフレ経済下で、研究開発に挑戦するマインドが低下してしまった企業も少しはあるでしょう。しかし現在でも、熱心に研究開発を行っている企業はたくさんあります。

何人かの民間企業の方たちの話から、昨今は企業が技術をブラックボックス化し、戦略的に論文発表を控える傾向にあることを知りました。つまり、技術開発の戦略として論文の発表が減っているだけであり、必ずしも研究力が低下したわけではないのです。

社会課題を反映した論文数の変化

また、論文数の動向は示唆（しさ）に富みますが、その解釈は立場によって異なると思います。たとえば、文部科学省の科学技術・学術政策研究所の報告書「科学技術指標２０１９」のデータによると、二〇〇五年から二〇〇七年までの三年間、日本の総論文数は、企業・大学・公的機関を合わせて、年平均六万七〇二六本でした。それに対し、一〇年後の二〇一五年から二〇一七年の三年間は、年平均六万三七二五本に減少しました。しかし、これをわずかに減ったとするか、大きく減ったとするかは、解釈が分かれるところだと思います。

この一〇年で、他の国の論文投稿数が増えています。そのため総論文数の国別順位を見

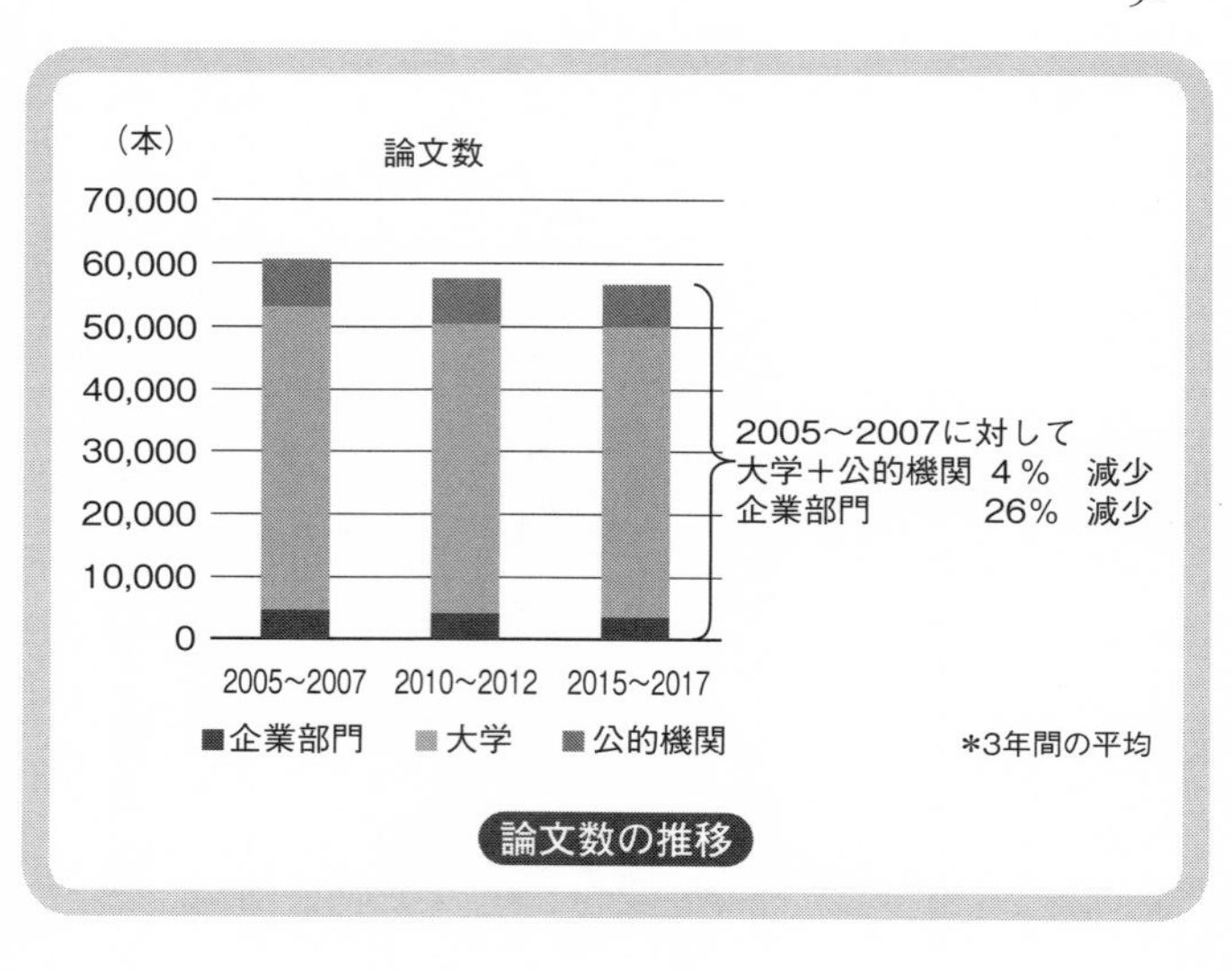

論文数の推移

ると、ドイツに抜かれ順位を落とし、シェアも七・二％から四・三％に減少しました。だから日本の論文数が劇的に減っているような印象を受けるのかもしれません。

一方、科学技術・学術政策研究所がまとめた別の報告書「科学研究のベンチマーキング２０１９」では、論文数について同様の統計を論文が発表された分野別に集計しています。その結果を見ると、論文数は化学、材料科学、物理学、工学で減少した一方、臨床医学、環境・地球科学で増加しています。

この推移から、日本では超高齢社会に向けた医療分野や地球温暖化など、日本を取り巻く社会的課題の解決に向けて、研究リソースをシフトしているとも解釈できます。

以上のことから、日本の研究レベルが下がっているとは、必ずしも言い切れないと思います。

研究者の総数は増えている

イノベーションを生むためには、優秀な人材が必要です。前項で論文数全体の推移を考察すると、日本の研究意欲は減退していないと述べましたが、研究者数を見ても、それほど悲観することはないと思っています。

ここ一〇年ほどの日本の研究者数の推移を見ると、大学の研究者と公的機関の研究者は減っていますが、企業部門では増加しています。

ちなみに既出の報告書「科学技術指標２０１９」によると、二〇〇五〜二〇〇七年、二〇一〇〜二〇一二年、二〇一五〜二〇一七年の各三年間の平均による研究者数（ＦＴＥ）の推移は、九三ページの表のとおりになります。

ＦＴＥとは「Full-Time Equivalents」の略です。要は研究業務をフルタイム勤務に換算して計測する方法。たとえば大学の研究者で研究と教育に従事している場合、実際に研究者として活動した割合を計上したものになります。ある研究者が一年間の職務時間の六〇％を研究開発に充てた場合、その研究者は〇・六人と計上します。

そして「科学技術指標２０１９」のＦＴＥのデータを見ると、公的機関の研究者は二〇〇五～二〇〇七年平均で三万三八四一人だったのが、二〇一五～二〇一七年平均では三万二八四人に減少しました。また、大学の研究者も同じく一四万三九八三人から一三万七五八六人に減少しています。

一方、企業部門の研究者は四七万三五六八人から四九万三七二〇人に増加しています。

そして、これらを合わせた研究者全体では、六五万一三九一人から六六万一五九一人に、つまり約一万人も増加しているのです。

日本では、理工系の修士課程修了者の多くは企業に就職し、若手研究者として研究開発に従事するようになります。二〇一八年に大学院修士課程を修了し、製造業および教育、研究職に就職した人材は、合計で一万九〇〇〇人に上ります。これから数年も、同様の規模で若手研究者が社会に出て、研究開発に携わるようになるでしょう。

大学院で学ぶ学生数を見てみると、日本の自然科学系の大学院学生の数は、修士課程と博士課程を合わせて一五万三〇〇〇人ほどになります。

（人）

	企業部門	大学	公的機関	合計
2005～2007	473,568	143,983	33,841	651,391
2010～2012	490,651	125,207	32,434	648,291
2015～2017	493,720	137,586	30,284	661,591

＊3年間の平均

日本の研究者数の推移

また、日本の自然科学分野の大学院への留学生も年々増加しており、二〇一八年は二万一〇〇〇人に上ります。自然科学系大学院生の七人に一人は留学生という状況。これは研究者の国際化という観点で良い方向に向かっていると思います。

これらのことから、日本では企業の研究者は増加しており、日本人学生の博士課程進学者は減っているものの、二万人の留学生を受け入れることで、自然科学系の大学院生も、修士課程を合わせると一五万人強の規模になります。人口比で見ると他の国に比べて見劣りするものではないのです。

留学生に限らず大学院で学ぶ学生たちは、卒業後、母国はもとより、世界で活躍する研究者になろうとしている若者です。日本人だろうと留学生だろうと、日本の大学で実力を付け、国際社会の課題解決に取り組んでもらうことを期待しています。

そして、初めて本格的な研究に取り組み始めた若手研究者のために、集中して研究できる環境を作ることは大切です。そこで育った研究者が日本を含めた世界の財産となり、社会の課題を解決したり、私たちの生活が豊かになる技術を生み出してくれたりするはずだからです。そうした環境を作る取り組みについては、次章で紹介します。

大学が種を蒔いた青色ＬＥＤ

科学技術が高度化する現在、一つの企業が研究開発のすべてを企業内で担うには限界があり、企業間の連携や、大学などの外部機関との連携による開発の効率化やスピードアップが必要になってきています。この点で産業界は、大学に対し、特に工学では産業の種になり得る発見や知見を、言い替えると、イノベーションを起こすような技術の種を生み出すことを期待していると思います。学理を追究する研究はもちろんのことですが。

たとえば、科学技術・学術政策研究所の報告書「全国イノベーション調査　２０１８年調査統計報告」によれば、企業におけるイノベーション活動を調査した結果、イノベーションを意図して活動した企業の二九％が、他社や他の機関と協力していたといいます。また、九％は大学・高等教育機関との協力によるものだったというのです。

この調査における「イノベーション」の定義には、プロダクト・イノベーションの他に、ビジネス・プロセス・イノベーションが含まれます。ただ大学の知見が、広い意味でのイノベーションに寄与していることを示すデータであるといえるでしょう。

青色ＬＥＤの場合は、大学が種を蒔いて技術を育て、それを企業に提供することによって、ビジネスとして結実しました。ただし、広く普及するまでに三〇年という時間がかかりました。これは、大学において種から技術を育てるまでに時間を使ったためですが、技術の進歩が速い現在では、もっと効率的に、スピード感を持って研究を進める必要があることは間違いありません。

そのためには、たとえば技術を育てる初期的な段階から、企業と大学が実用化を強く意識した協力体制をとるのです。

また、共同研究などの産学連携だけが大学の知見を実用化に結び付ける方法とは限りません。最近は、大学発ベンチャーも数多く設立されています。そうしたベンチャー企業が一般企業と協業するなど、方法はいろいろと考えられますが、とにかく実用化するという目的を強く持つことが重要です。

日本においては人口減少・超高齢社会の進展、国際社会においては環境汚染など、社会的な課題が深刻化しています。そんななか、日本の大学の置かれた状況や、国際社会からの要望などを理解しなければなりません。私たち大学の教員、とりわけ工学系の教員も、新しい産業や技術を発展させることによって社会を作る一員です。いま、その前線にいるということを強調したいと思います。

大学の教員であっても、新しい産業を生み出し、社会課題を解決する画期的な技術を確立するなど、研究で得た知見によって、どう社会に貢献するか、それを意識して欲しいのです。特に私たち工学系の教員にできることは、研究成果によって、「社会をより安全・安心なものにすること」「社会や経済を活性化させること」「新たな産業を作りＧＤＰを伸ばすこと」なのです。

心強いことに、周りにいる三〇代の若い教員の多くは、産業界に積極的に寄与したいと考えているようです。今後は、学会などでの成果発表以外にも、自ら進んで企業に情報発信する機会を作るなどして、企業研究者との交流が普通に行われるようになることを期待しています。そして私は、そのための環境を整える取り組みに力を入れていきたいと考えています。

日本人学生の基礎学力は高く優秀

さて、ここで若い研究者に求めていることを書きます。

現在、私は大学で研究を続けるだけでなく、学生たちに教える立場にあります。その際に心掛けていることがあります。それは必ず一対一で向き合って話すということ。絶対に上から目線にならないように注意しています。

また、実験のたびに学生たちは結果をデータとしてまとめますが、その際に私は、その結果は何を意味するのか、必ず彼らと一緒に考えるようにしています。そして、次にどんな実験をするのかも一緒に決めていくのです。

なぜ、こうしたことが重要なのか？　まず私は、教育は効率ばかりを求めてはいけないと考えています。実験したときは、その工程や結果を一つひとつ確認すると、理論が身に付いていきます。その過程を経験してもらうために、彼らと一緒に考えることを重視しているのです。

科学者を志す若者たちは、常に論理的に考えられるようになる必要があります。あることに対して「なぜ?」「どうして?」と考えるトレーニングをすることが大切なのです。

また、惰性に流されないようにすることも大切です。科学者の場合だったら、常に目的を持って実験します。だから学生たちが実験を進めていて、何か面白い結果が出たときなどは、「結果をきちんと理解できるような実験をやろう」と声を掛けています。

実験をするうえで何よりも大切なのは、自分のテーマを明確に知ることです。そのうえで自分が行っている実験が将来どのように世の中の役に立つのか、それをイメージする。また、イメージを確立することができたら、それを最後まで諦めずにやり抜く心も必要になるでしょう。

加えて、日本人の学生たちと接していて実際に感じることなのですが、基礎学力のレベルは高いのに、なかなかその気にならない、それぞれが持つ本来の実力を発揮しようとしない人が多いと感じます。おっとりした学生が多いせいなのか、それとも普段の生活で不便を感じていないからなのか、理由は判然としませんが。

一方、海外から来た留学生の場合、高度な知識を身に付け、将来のキャリアにつなげるという確固とした目的を持って来日しています。たとえば日本の大学で博士号を取り、母国に帰って国立研究機関の研究者になるといった目的です。

日本の学生のあいだで起こっている特徴的なことがあります。修士課程修了者のドクターコース、すなわち博士後期課程への進学が年々少なくなっていることです。ここ数年、外国からの留学生の博士後期課程入学が増えているわけでもないのに、結果として、全体に占める彼らの比率が上昇しています。国際化の観点からは望ましいことですが、日本人学生の進学者が減った結果というのでは少し残念です。

日本人の学生たちは基礎学力のレベルが全体的に高く、優秀です。だからこそ留学生と切磋琢磨（せっさたくま）し、世界の科学技術分野を担う人材として成長してほしい。そして、その潜在能力を発揮してほしいと願っています。

本章では、大学教員から見た日本の研究環境に対する思い、特に若手研究者の直面する課題を提起しました。また、日本の研究の潜在力については決して悲観するものではないという考えも述べました。

次章では、私が思いを込めて名古屋大学で進めているいくつかの取り組み、具体的には、若手研究者の育成プログラムおよび研究成果を早期に実用化するための研究開発環境の整備、そして産学連携の取り組みについて紹介していきます。

第四章　世界をリードする産学共同研究所を

「死の谷」を乗り越えるために

研究の結果はイノベーションにつなげなければならない――これは私の信念です。研究開発をしても実用化に遅れるのが、日本の、特にエレクトロニクス分野の課題といわれています。研究開発の成果が実用化され、製品に結びつくあいだの困難な時期を「死の谷」と呼んでいます。そして現在の日本は、諸外国と比較して、この「死の谷」を乗り越える力強さに欠けるとしばしばいわれているのです。

研究において一定の成果を挙げている日本人研究者は、いまも少なくありません。しかし、研究者が開発に成功し、それを産業として世の中に普及させるためには、大きな「資源」が必要です。ここでいう資源とは、リスクを取り、継続的な研究開発を続けるための資金、人的資源、そしてプロトタイプの製作を行う環境などのことを指します。

より多くの研究成果を世の中に広めて貢献できるよう、私は大学教員としての取り組みを始めています。ビジネス感覚を持った研究者の育成、実用化レベルに近いプロトタイプ開発を行える環境の整備、産業界とのオープンイノベーションによって早期実用化を目指す産学連携などです。

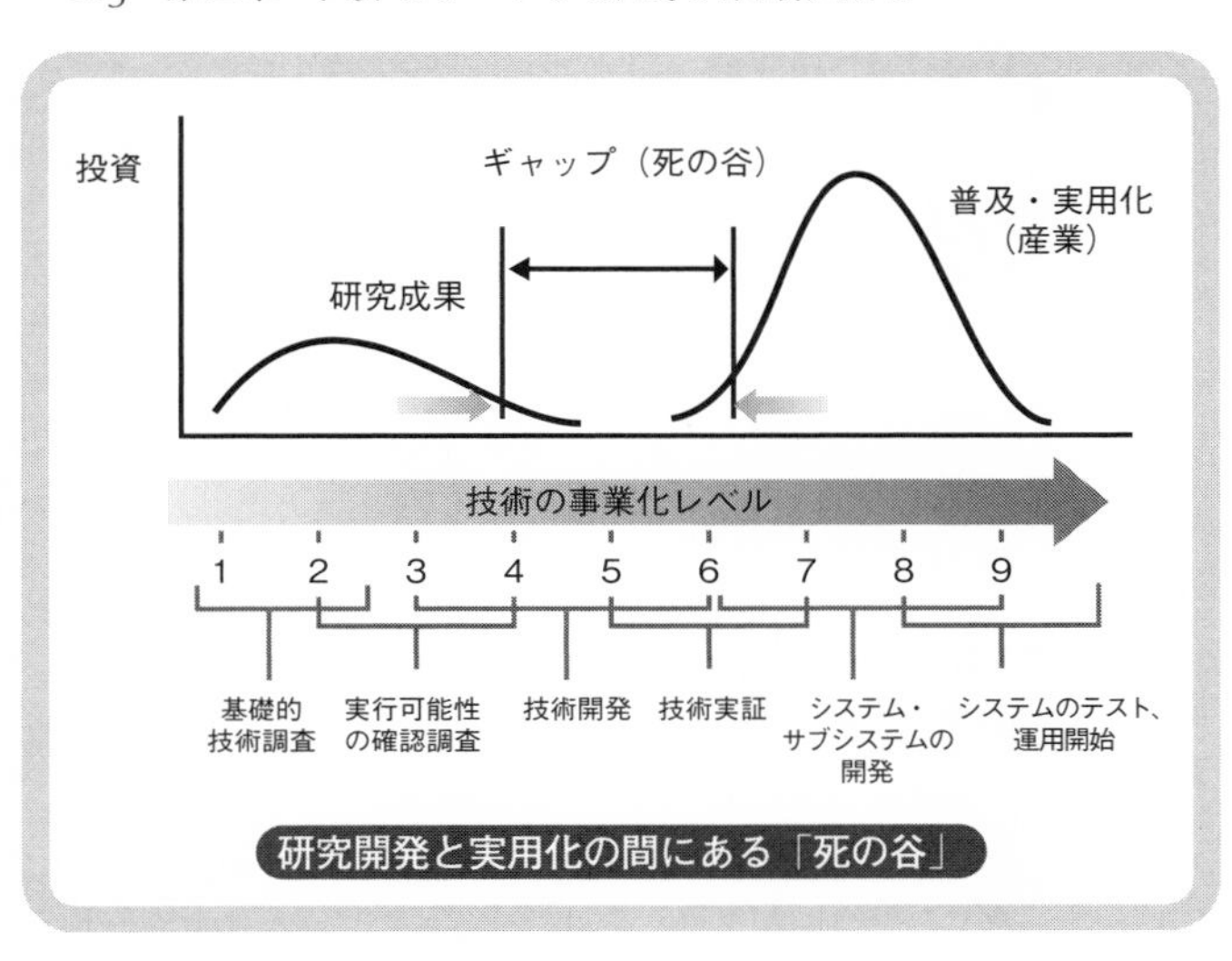

研究開発と実用化の間にある「死の谷」

二〇一六年五月、政府は「地球温暖化対策計画」を閣議決定しました。この計画では、以下のように謳われています。

〈地球温暖化対策と経済成長を両立させながら、長期的目標として二〇五〇年までに八〇％の温室効果ガスの排出削減を目指す。このような大幅な排出削減は、従来の取組の延長では実現が困難である。したがって、抜本的排出削減を可能とする革新的技術の開発・普及などイノベーションによる解決を最大限に追求するとともに、国内投資を促し、国際競争力を高め、国民に広く知恵を求めつつ、長期的、戦略的な取組の中で大幅な排出削減を目指し、また、世界全体での削減にも貢献していくことと

する〉

計画書にも書いてあるとおり、〈二〇五〇年までに八〇%の温室効果ガスの排出削減〉を実現させるのは、非常に困難でしょう。しかし、科学者はこうした課題に向き合い、取り組まなければなりません。そして、それを担うのは私たちの世代ではなく、いまの若者たちなのです。

彼らが本気で取り組まなければ解決できない課題は多々あります。だからこそ、オープンイノベーションを通じ、若い研究者たちを育てることが必須なのです。

卓越大学院プログラムとは何か

日本の企業は、特にエレクトロニクス分野で、シーズを生み出すこと、つまり種蒔きは得意だが、実用化に遅れてしまうという話を聞きます。この状況を打破するために私たちは、「卓越大学院プログラム」を活用し、ビジネス感覚を持つ工学系の若手人材を育てる試みを始めました。この卓越大学院プログラムとは、文部科学省が二〇一八年一〇月に開始した事業です。

この事業には以下の目的があります。

〈「世界の学術研究を牽引する研究者」、「イノベーションをリードする企業人」、「新たな知の社会実装を主導する起業家」、「国内外のパブリックセクターで政策立案をリードする人材」等のそれぞれのセクターを牽引する卓越した博士人材を育成するとともに、人材育成・交流及び新たな共同研究が持続的に展開される拠点を創出し、大学院全体の改革を推進すること〉（文部科学省のウェブサイト「卓越大学院プログラム」より）

この事業によって支援を得ようと、日本全国の大学が応募しています。名古屋大学では、二〇一八年度に「トランスフォーマティブ化学生命融合研究大学院プログラム」と「未来エレクトロニクス創成加速ＤＩＩ協働大学院プログラム」の二つが採択されました。

後者は私がプログラムコーディネーターを務めていますが、ＤＩＩとは、「Deployer」（起業家）、「Innovator」（生産技術者）、「Investigator」（研究者）のことです。

一般的な大学の理工系の教育課程では、大学四年間を終えたあと、さらに専門的な力を身に付けたい学生が大学院に進学します。大学院では、修士課程は二年間、博士後期課程は三年間にわたって学ぶことになりますが、すでに述べたとおり日本では、修士課程で卒業してしまう学生が多いのが特徴です。それは、企業が修士課程を修了した学生を新卒者採用の主な対象にしていることが背景になっています。

これに対して卓越大学院プログラムでは、より高いレベルで世界の研究を牽引する研究者やイノベーションをリードする企業人、あるいは新たな知の社会実装を主導する起業家の育成を目的としています。そのため、修士課程と博士後期課程を合わせた計五年間のコースに入学することが前提となります。大学院を二年間で修了するという課程ではありません。

二〇一八年の夏、私は企業十数社を回り、直接話を伺いました。なぜ修士の学生を求め、博士人材を敬遠しがちなのか、そしてどのような人材を必要としているのか、そうしたことを聞いて回ったのです。

このとき、企業の方たちの考えがいろいろと分かりました。たとえば、これまでになかったビジネスモデルや製造技術を追求していること、あるいは複数の分野に高い知識とスキルを持った工学系研究者を求めていること、などです。

従来の博士課程は、修士二年間、博士三年間の計五年間、専門的な知識を学び、実験技術や解析手法、研究の進め方などを身に付け、研究に没頭するのが基本でした。その間に二〜三本ほど学術論文を書く。そして、最後にそれらをまとめた博士論文を書いて審査を受け、博士号が与えられるという流れが一般的です。研究者の卵として、独立するための

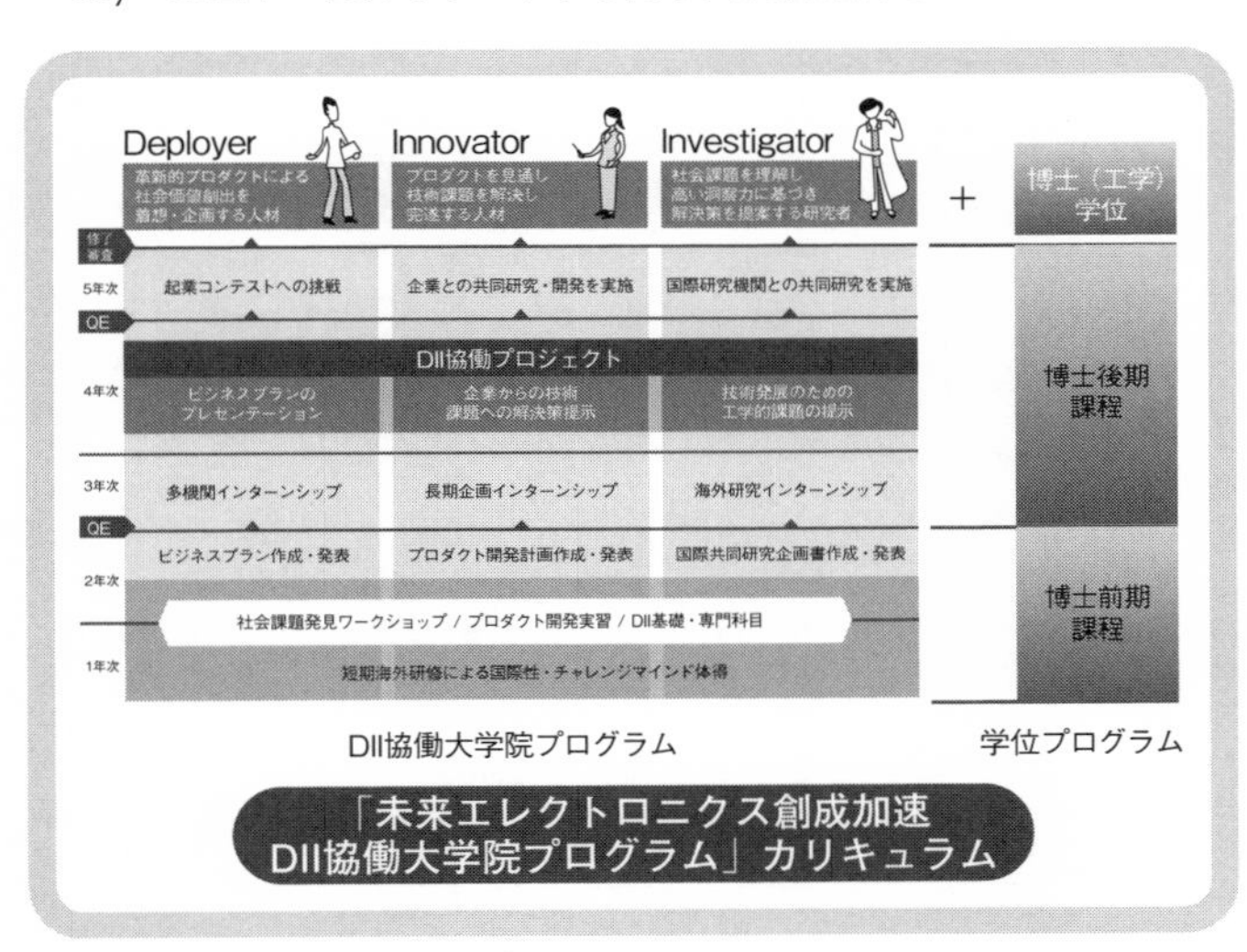

「未来エレクトロニクス創成加速
DII協働大学院プログラム」カリキュラム

経験を積み、また学術的にも発見や発明をし、業績を積み上げる意味があります。

しかし、企業は研究能力に加え、もう一つ異なる視点で高い知識とスキルを持つ人材を求めているのです。そこでＤＩＩ協働大学院プログラムでは、従来の博士課程の論文執筆とは別に、社会実装を前提にした研究開発に取り組んでもらうことにしました。

また、短期や長期の海外留学も組み合わせ、グローバルな研究開発の場においては、臆することなく他国の研究者と英語で議論ができる会話力の習得にも努めてもらいます。いわば、広い視野を持った人材を育成する場といえるでしょう。

たとえば海外研修なら、新興国や発展途上国での生活を経験する場合もあります。こうしたプログラムによって、自律的に目標を見つけて行動する、そんな人材になってもらうことを目指すのです。

世界を変える人材教育の場を

ＤＩＩ協働プログラムの説明会では、学生から「起業家（Ｄ)、生産技術者（Ｉ)、研究者（Ｉ）の三つの能力を身に付けるのですか？」と質問を受けることがあります。しかし、すべてを修得する必要はありません。卓越大学院プログラムでは、まずは博士として研究する能力を身に付けてもらいます。

それに加えて「(知の社会実装を主導する）起業家」「(イノベーションをリードする）生産技術者」「(世界の学術研究を牽引する）研究者」のどれか一つを極めてもらうものです。

入学した学生は「起業家」「生産技術者」「研究者」を選択したうえで、所属する各研究室で専門技術や最先端の研究を行います。また、ＡＩを専門とする学生、半導体デバイスを専門とする学生、航空工学を専門とする学生など、異なる専門領域を背景にした学生が同じ場で議論することで、新しい視点で研究やプロジェクトを進めてくれることを期待しています。

さらに特長的な活動としては、入学者は五年間で、異なる三種類の能力を学んだ仲間と力を合わせグローバルな問題解決に取り組むプロジェクト「DII協働大学院プログラム」を履行してもらいます。この活動を通してビジネス感覚を身に付け、たとえばビジネスプランの構築から生産工程のことまで分かる人材を育成することが目的です。

将来的には、この卓越大学院プログラムの協働から、世界を変えるイノベーションを起こすようなスタートアップ企業が数多く生まれることを期待しています。

協働プログラムでは、自分が行っている研究テーマを活かしてもらっても良し、研究テーマを離れて別のことをやっても良し、ということになっています。協働プログラムの取り組みがうまくいったら、その取り組みを基に起業に向け集中してもらっても構いません。

もちろん、実際にベンチャーを起こすまでいかなくとも、異なる課題意識を持った人たちと互いに敬意を払いながら議論し、知恵を出し合い、何かを作り上げる経験を積んでもらいたいと願っています。それが、このプログラムに込めた狙いです。

理工系のキャンパスライフ

さて、ここで理工系学部に入学した研究者の卵が立派な研究者になるために、最近の大学では、どのような大学生活を送っているかについて説明しましょう。

最先端研究を本務とする研究型大学（いわゆる七つの旧帝国大学や東京工業大学）の理工系学部に入学すると、かなりハードなキャンパスライフを送ることになります。しかし過去数十年間、それをやり遂げて卒業した人たちが、今日の日本の科学技術や産業を支えてきたことは間違いありません。

【学部一～二年生】

まずは入学して二年間、何をするのか説明します。

一～二年生のあいだは共通教育科目、昔でいうところの教養教育が中心になります。数学、物理、化学など専門科目の基礎になる教養科目もありますが、それ以外にも、文学、倫理学、経済学、法学など、人文・社会系の教養科目も履修（りしゅう）しなければなりません。

また、語学は英語に加えて第二外国語も勉強します。二〇年前までは、理工系学生は専門分野に応じてドイツ語やフランス語を選ぶように指導されていました。しかし最近は、卒業して社会に出たあとのことも考えて、中国語を選ぶ学生が増えているようです。

最先端の理工学を学ぼうとやる気に燃えて入学したのに、一年生では英数国理社の授業ばかり。そのため高校の延長のように感じ、がっかりしてしまう学生もいます。その反省も踏まえ、十数年前から、一年生の春学期に「電気電子工学概論」のような、学生が在籍する学科全体を俯瞰(ふかん)するリレー講義を取り入れる大学が増えてきました。各教員がそれぞれの専門分野の内容、社会との接点、最新動向、学術的な挑戦について解説します。この講義は学生の評判も上々です。私も学生のときに工学概論で工学の意義を聞き、それから勉強が大好きになりました。

大学では、高校の何倍ものスピードで新しいことを学びます。大学の講義は、予習を前提にし、あるいは講義では重要なポイントしか説明しません。各自が教科書や参考書で演習して身に付けるというスタイルの講義が多くなります。そもそもそうしないと、四年間で履修する分量をこなせません。高校時代に先生から手取り足取り教えてもらっていた学生は、最初は苦しみます。しかしそれを乗り越えると、人からいわれたことをこなすのではなく、自ら進んで勉強するようになります。講義に対する姿勢も大きく変わるのです。

大学を卒業するためには一三〇単位を集めなければなりません。大学設置基準の省令では、一単位は四五単位時間の学習に相当するとされています。つまり週一回、九〇分の予習をして、九〇分の授業を受ける。そして九〇分の復習やレポートを一五週行えば、九〇単位時間となり、二単位取得できます。

親や塾の先生から「大学に入ったら楽ができる」といわれていた学生は、入学して一～二ヵ月も経つと、「話が違う」「騙(だま)された」と文句をいいますが、これはまだ序の口。三～四年生の厳しさに比べると、一～二年生はまだまだ余裕があり、勉学とサークルやアルバイトなどを両立した学生生活を満喫できます。

【学部三年生】

順調にいくと、二年間で卒業に必要な教養科目の単位はほぼ揃うので、三年生からは専門科目が中心になります。専門科目では新しい理論や概念、考え方がどんどん出てくるので、しっかり理解しようとするとかなり大変です。

高校のときのように月～金、毎日四コマ（一コマ九〇分）の授業をびっしり入れてしまうと、予習・復習・レポートが追い付かなくなります。ところどころに空きコマを作って、自習する時間を設けなくてはなりません。そのようにしても、ちょうど三年〜三年半で単位が揃うようになっています。

三年生になると、かなり高度な実験演習が始まります。事前に予習をして、てきぱきと実験を進めないと、時間内には終わりません。親切な（意地悪な？）先生も多く、「終わらないのだったら待っていてあげるよ」と、夜まで付き合ってくれます。

実験で得られた多数のデータを持ち帰り、表やグラフにして、その解釈に必要な理論を教科書で勉強し、解析、考察してレポートを書いていきます。実験のレポートと専門科目の講義のレポートが複数重なると、土日も返上で頑張らないと間に合いません。このころ、学部一年生のときに大変だと文句をいっていたことを懐かしむようになります。

このように大変な日々を送るわけですが、専門分野の基礎的な知識や基本的な実験技術など、将来、当該分野の技術者や研究者として活躍するための素地が徐々に整っていきます。

【学部四年生】

四年生になると、研究室に配属されます。日本の研究型大学の最大の価値は、卒業研究にあるといっても過言ではありません。ちなみにアメリカの大学の多くでは、学部生には卒業研究は課されず、研究をしたい人は、大学院で行うことになっています。

四年生のときに研究室で大学院生や研究員、そして教員と本格的な最先端研究に従事する経験は、何ものにも代え難いものです。研究室の教員も、卒業研究だからといって簡単なものを考えてはおらず、本格的なテーマに学生を従事させ、また成果も出してくれることを期待します。

大多数の学生は、大学院の修士課程（二年コース）への進学を考えているので、四年生になっても就職活動を行いません。

大学院の入試は夏休みに行われるので、前期のあいだは大学院入試の勉強のために専門科目の復習をしつつ、研究室で論文を読んだり、輪講（りんこう）をしたりして、それぞれの専門分野の基礎を学びます。ちなみに教科書は日本語と英語の半々ですが、論文はほとんどが英文です。だからこの段階で、英語力なしでは研究できないことを痛感します。

大学院入試が終わると、いよいよ卒業研究をスタートさせます。半年間ですが、本格的な研究に取り組むのです。教員や大学院生の背中を見て、自分も何か小さなものでも研究をやり遂げたいという気持ちが生まれてきます。

一二月の追い込みの時期になると、「自らの意志」で研究室に泊まったり、土日返上で実験をしたりする場合もあります。大変だとか、しんどいという気持ちではなく、高校時代に文化祭の出し物に凝って、早朝や放課後、あるいは土日を返上で準備する、そんな雰囲気に近いかもしれません。

「研究に打ち込む」という研究の醍醐味の一端を経験し、数十ページの卒業論文を執筆して卒業研究発表を行い、教授たちの質問に答えることができると、晴れて卒業となります。研究の進捗によっては、卒業研究の内容を国内学会で発表します。また、国際学会で発表したり、学術論文を執筆したりする場合もあります。

高度な技術者や研究者を志す学生は、このあと大学院に進学して二年間の博士前期課程（修士課程）、さらに三年間の博士後期課程で研究を行います。

以上が理工系学部のキャンパスライフです。

昔から理工系は、ハードなわりに社会に出ても収入が少ないといわれていましたが、最近では、そんなことはありません。たとえばソニーは、高度人材（優秀な技術者）を確保するため、新入社員でも能力に応じて七三〇万円の給与を出すことを発表しました。ほかにも平均より高い給与を準備している企業が複数あります。

アメリカでは、人材の取り合いになっているＡＩ分野などで、博士課程修了者に年俸三〇〇〇万円以上が提示される場合もあります。

コラム④ 無線を通じて工学に目覚める

中学生のとき、私はアマチュア無線に夢中になっていました。無線を始めるに当たり、独自に電気の勉強を始めたところ、どんどんのめり込んでしまったのです。すぐに免許も取得しましたが、縁もゆかりもない遠くの人たちと話すことができるのが、とても刺激的でした。いま自分の人生を振り返ると、無線が私と工学を結ぶきっかけになったような気がします。

高校では数学の先生が担任だったこともあり、時間があると数学の問題集を解いていました。答えが分からないと、先生に聞きに行く。すると先生は、その問題をいとも簡単に解いて、説明してくれるのです。その姿を格好良く感じた私は、より一所懸命、数学の練習問題を解くようになり、それと同時にどんどん数学が好きになっていきました。このときの経験から、何事も論理的に組み立てる習慣が身に付きました。

名古屋大学に入学すると、そこでは素晴らしい教育を受けました。一年生のときは、「工学と生活」という概念を学ぶ授業がありました。その授業で、工学の「工」は「一（ひと）」と「一（ひと）」、つまり人と人をつなぐ意味がある、工学とはそんな学問なのだ、という話を聞きました。

この話はとても印象に残りました。それが「学問とは人のために尽くすものである」と考えるようになったきっかけであり、勉強に取り組む姿勢が変わったきっかけにもなりました。以前よりも一所懸命に勉強するようになったのです。

もちろん、私は昔から勉強が好きでした。しかし、勉強は何のためにするものなのかが分かっていませんでした。そんな私に勉強をする意味を教えてくれたのです。

第一章でも触れましたが、赤﨑先生の研究室に入ったのは学部四年生のときです。構内の掲示板には、各研究室の卒業論文のテーマの一覧と、希望者の名前を記入する紙が貼られていました。それを見ていたら、赤﨑先生の「窒化ガリウムによる青色LED」というテーマが目に飛び込んできました……それが、とても明白で挑戦的なテーマだと感じ、ぜひやってみたいと思ったのです。

当時の私は、青色LEDの実現がどれほど難しいことか、まったく分かっていませんでした。簡単にできるのではないかと気軽に考えていたほどです。実際には、そのあと苦労することになるわけですが。

異なる分野の研究者が集う場所を

話を名古屋大学の取り組みに戻します。

二〇一五年一〇月、名古屋大学では「未来材料・システム研究所」（ＩＭａＳＳ）のもとに「未来エレクトロニクス集積研究センター」（ＣＩＲＦＥ）を開設しました。

ＣＩＲＦＥでは、材料、計測、デバイス、応用システムに関する基礎科学から出口の製品化までを視野に入れ、ＧａＮを使った高性能なデバイスの実現など、最先端のエレクトロニクス研究を推進しています。専門の異なる多くの研究者が、共同で作業を行っているのがポイントです。

ここでは次世代を担う高度な人材育成も含んだ、未来のエレクトロニクス産業の基盤創成を目的に掲げており、未来デバイス部、マルチフィジックスシミュレーション部、先端物性解析部、システム応用部、国際客員部、産学協同研究部の六つの部署に、それぞれの分野で活発に研究活動をしている専門教員を配置しています。

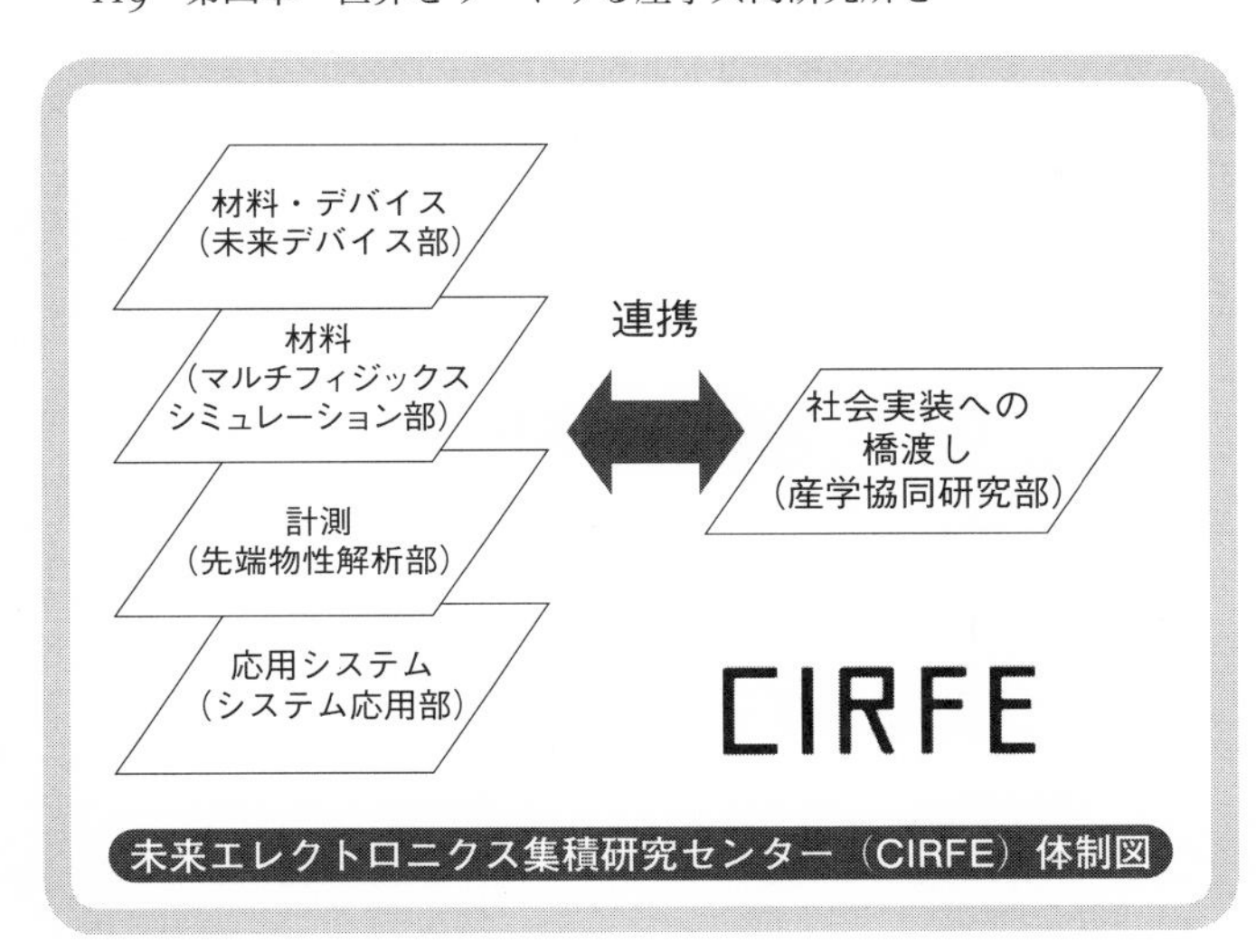

未来エレクトロニクス集積研究センター（CIRFE）体制図

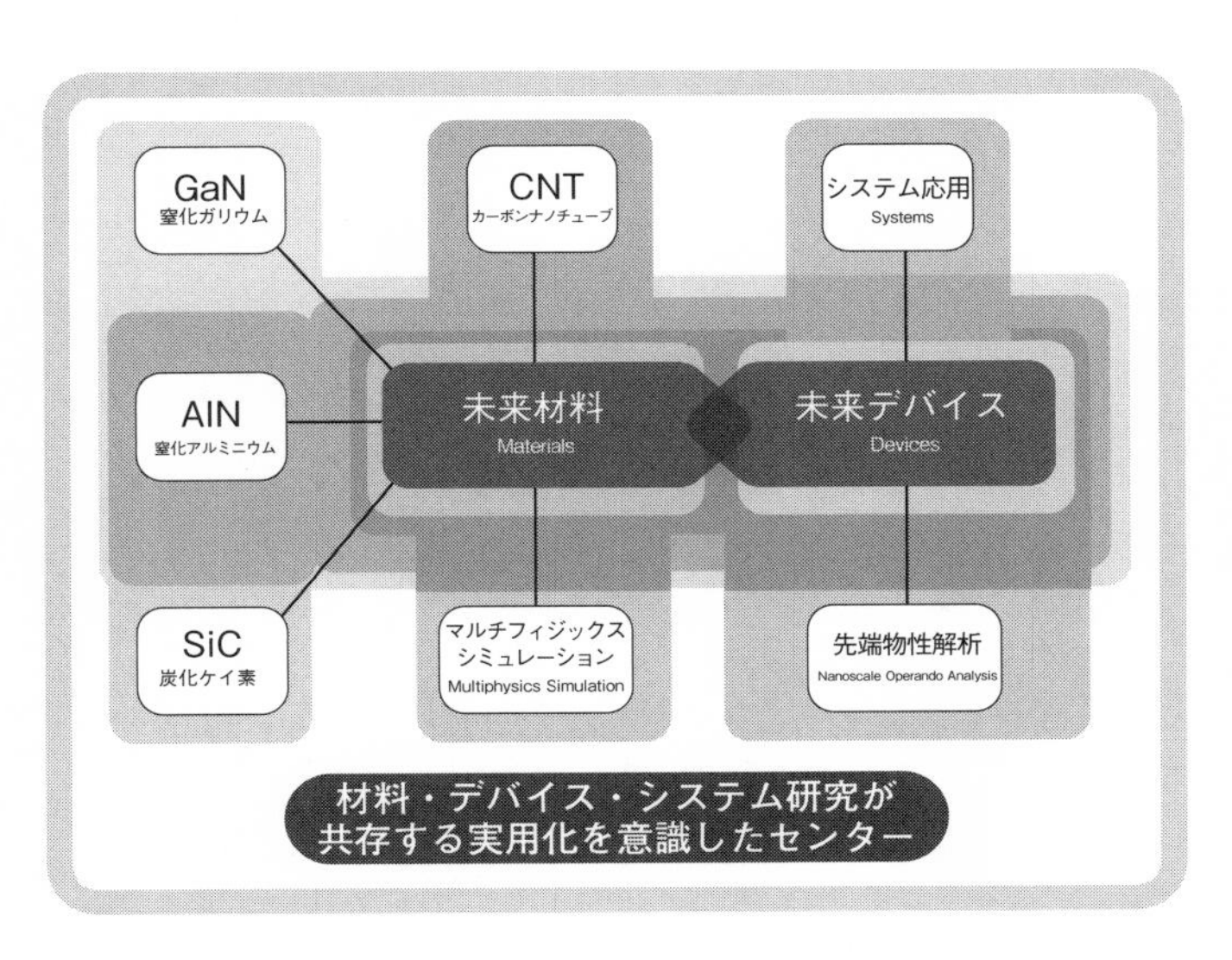

材料・デバイス・システム研究が
共存する実用化を意識したセンター

ＣＩＲＦＥには、「大学における専攻や分野を超える」という方針があります。

一口に「エレクトロニクス」といっても、そのための技術や材料は、研究の目的によって手法がまったく違います。だからこそ、研究手法が異なる研究室が一つの建物内に集えば、まったく新しい分野が創成できると考えています。また、その分野を引っ張る新時代のリーダーが生まれる場を作りたいという思いもありました。

これまで大学での研究は、同じ分野であっても他の研究室との連携が極めて少なく、それぞれの先生が独自に研究を進めているという状況でした。これに対して私たちは、研究成果は世の中の役に立つべきだという考えのもと、異なる分野の研究者が集い、相互作用が働き、新しい産業が次々と提案される、そのような研究所を作りたいと考えているのです。

大学の研究センスに企業センスを

二〇一八年、私たちの思いを実現させる場として「エネルギー変換エレクトロニクス研究館」（Ｃ－ＴＥＣｓ）と「エネルギー変換エレクトロニクス実験施設」（Ｃ－ＴＥＦｓ）を開設しました。

エネルギー変換エレクトロニクス研究館（C-TECs）提供：名古屋大学

C－TECsは、エレクトロニクス研究のうち、最も基礎の材料創製技術から、その素材を用いたデバイス、そしてそのデバイスを使った回路やモジュール、さらに回路によって構成されるシステムに至るまで、技術の階層を垂直に統合して研究を行うことができる研究棟です。ちなみに基礎の材料創製とは、たとえば結晶成長です。

建物の設計に当たっては、「さまざまな研究背景を持つ研究者が一堂に集まり、一緒に研究をすることでイノベーションを生み出す」というコンセプトを定めました。そのため、オープンなコミュニケーションが行われるよう、実験的なレイアウトの研究棟になりました。

このコンセプトの新しさが評価されたためか、C－TECsは、二〇一九年度、第三二回日経ニューオフィス賞を受賞しています。同賞は創意と工夫をこらしたオフィスを表彰するもので、日本経済新聞社と一般社団法人ニューオフィス推進協会（NOPA）が主催しています。

では、どの辺が実験的なのでしょうか？　まずC－TECsのユニークな点は、産業界専用ラボスペースがあることです。企業はここに産学協同研究部門（産学連携講座）を開設し、それぞれ独自に研究開発を進められるようになっています。

	大学の研究	企業の研究
研究（開発）の目的	学術的興味	ビジネスの可能性
研究（開発）における課題解決へのアプローチ	現象の理解	ユーザーニーズの有無
目指す成果	世界初、世界最高（トップレベル）	性能・コスト・信頼性などの両立（バランス）

企業と大学の研究課題の捉え方

共同研究をしている大学の先生や学生が、産業界専用のスペースにある産学連携講座に行って打ち合わせや議論を行うことも、毎日のようにあります。身近な産学連携講座に企業での開発経験を持つ人が入ってくると、私たちに新たな気付きを与えてくれます。これは大学側にとって非常に大きなメリットです。

大学の研究者の多くは、問題解決へのアプローチを、ともすれば特異で面白い現象を理解することから入るのに対し、企業の人たちは、ユーザーの視点に立ったニーズから始めます。解決すべき課題も、製品の性能だけでなく、信頼性やコストのバランスも考え、ユーザーのニーズを満たすよう、目標とアプローチを決めているようです。

従来型の大学の研究センスに、企業の開発センスを加えて切磋琢磨する——この環境が、Ｃ-ＴＥＣｓの研究者のレベルアップにつながることを期待しています。

このＣ-ＴＥＣｓには、メンバー間のコミュニケーションを促進するため、講演会やオープンゼミにも使える大階段（オープンセミナースペース）を設置しました。「ここでの議論はＣ-ＴＥＣｓのメンバーにはオープンにする」と決めたうえで、他の研究室のメンバーが聴講したり、場合によっては質問して議論に加わるなど、自由なやり取りが行われています。

また、大学の研究室が入るフロアは、共通居室フロアにしました。オープン・ラボ化がコンセプトなので、准教授から学部の学生に至るまで、幅広い研究者が集うスペースになっています。ここには客員教授や客員研究員にも入り込んでもらうのですが、日ごろから異なる研究室のメンバーとコミュニケーションをとる空間として活用されています。

研究室相互の協力が進行中

Ｃ-ＴＥＣｓを作るに当たっては、若手の研究者を海外の施設に派遣し、多くのユニー

C-TECsのオープンセミナースペース　提供：名古屋大学

セミナー風景　提供：名古屋大学

クな取り組みを見てきてもらいました。その経験をもとに、彼らにまず、ミッションステートメントを作るように頼みました。そうしてできたのが「情熱を増幅し、伝える」です。この言葉を基本に、共通居室フロアを、彼らの造語である「Ｃ－Ａｍｐ」と命名しました。ちなみにＣ－Ａｍｐは、「Collaboration Amplifire」の頭文字を取ったものです。キャンプファイアをイメージして、あえてこのつづりを選択したとのことです。

また、彼ら自身が発案者になり、研究室相互の新基軸の協力関係が自然なかたちで進行中です。教授からの指示ではなく、合同のイベントを企画し、相互の研究室の見学会も実施するようになりました。

この動きがさらに進めば、産学連携講座を開設している企業と研究室のつながりが深まり、企業が抱えている様々な研究開発上の課題が具体的に、しかも直接、若手研究者に伝わるようになるのではないでしょうか。

これにより、実社会の課題解決を目的にした研究テーマの設定にもつながり、企業と大学、さらに企業と企業が連携して、世の中の役に立つ研究成果が次々に生まれる理想の循環になることを期待しています。

Ｃ－ＴＥＣｓの一階ギャラリーには、若手研究者育成のために設けた「青色ＬＥＤ基

C-TECsギャラリー　提供：名古屋大学

C-TECsのミッションステートメントをイメージした壁画　提供：名古屋大学

金」に賛同いただいた方々への感謝の意を込めて、寄附者のお名前を掲げるコーナーを設けました。

また、このコーナーの背景として、先述のミッションステートメントをモチーフとした壁画を、新進気鋭の「絵描き」である河野ルルさんに描いていただきました。河野さんは、まさに未来へつながるエレクトロニクスのイメージを、たいへん明るく楽しいタッチで描いてくださっています。

大切にしたいのは、この研究棟が世の中の役に立つ研究を行う場所として確立し、研究者とスタッフが、その思いを共有することです。「いままでの日本の大学にはない示唆に富んだ取り組みを行っている施設」といわれるように育んでいきたいと思っています。

世界唯一のGaN専門施設

「エネルギー変換エレクトロニクス実験施設」（C－TEFs）は、半導体デバイスを研究するクリーンルーム施設です。このクリーンルームには、高信頼・高精度デバイスの試作を短時間で実現する設備が整っています。一部のオリジナル装置と半導体製造で実績のある装置を組み合わせ、結晶成長から、デバイス、回路、システムの製作まで、一連のデ

エネルギー変換エレクトロニクス実験施設（C-TEFs）　提供：名古屋大学

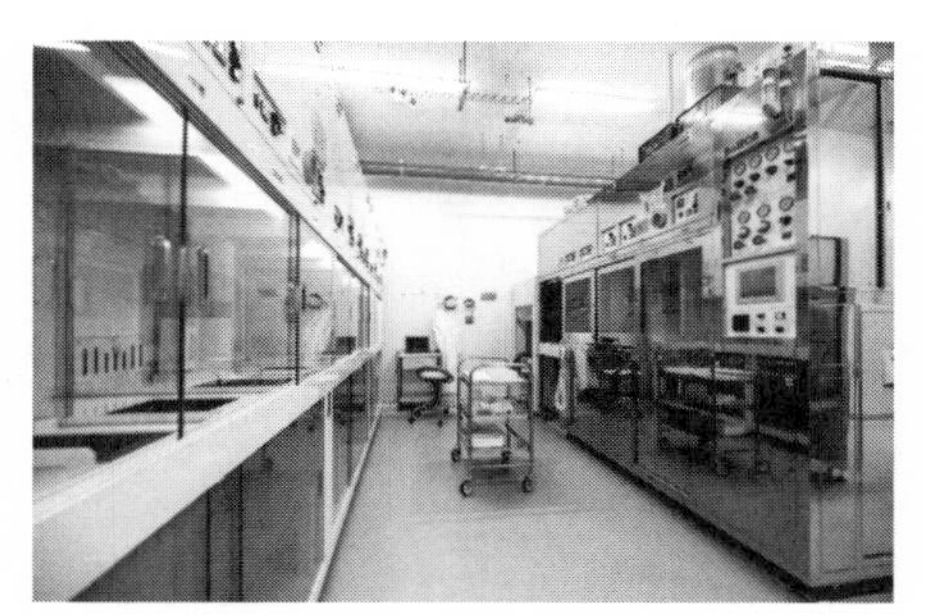

基板洗浄装置　提供：名古屋大学

クリーンルーム内作業風景　提供：名古屋大学

バイスプロセスに対応しています。

このクリーンルームは世界唯一、ＧａＮ専用として運用しており、現在のシリコンデバイス並みの微細加工ができる装置群を一つの施設に備えたのが特長。名古屋大学を中心に開発した技術やノウハウを活用できる施設として、産学共創研究を精力的に行っていきたいと思います。

また企業が、ＧａＮデバイスの開発試作レベルの検討を行える施設として利用してくれるようにしたいと考えています。半導体プロセスの専任技術員による試作体制を整えたことにより、産学連携講座を開いている企業を中心に、すでに利用が始まっています。

「大学主導で企業を集めてほしい」

二〇一五年一〇月、ＧａＮを中心的な素材にして世界をリードする研究を行うことを目的とし、「ＧａＮ研究コンソーシアム」が発足し、二〇一九年一〇月には、「一般社団法人ＧａＮコンソーシアム」に移行しました。

ＧａＮコンソーシアムは、ＧａＮの研究開発を通じて、広くエレクトロニクスの上流から下流まで、すなわち素材からデバイス、そしてシステムに至るまでの研究者や技術者を

GaNコンソーシアム概要
出所：GaNコンソーシアム（http://www.gan-conso.jp/）

集め、省エネルギーイノベーションを目指すための組織です。

このコンソーシアムを設立したのは、ＧａＮの研究開発を加速し、ＧａＮを使ったデバイスをいち早く普及させるためにはどうすれば良いか、という思いがきっかけです。多くの国内企業は、シリコンの産業構造が大きく変化したことにより、半導体事業への投資に慎重になっています。ＧａＮに興味を持ってくれる企業はたくさんありますが、「ＧａＮが主流になるのはまだ先だ、しばらくは様子を見たい」と考えるのが大半のようです。

こうした状況のもと、ＧａＮの優れた特性をもって世の中に貢献するという思いを実現するため、「死の谷」を越えるにはどうすれば良いか、それを考えて取り組んだのが、ＧａＮコンソーシアムの設立です。

ＧａＮ研究コンソーシアムの発足に当たっては、名古屋という土地柄が幸いし、当初から地元の企業をはじめ多くの企業が参加してくださいました。最近は、さらに参加企業が増えてきています。

「ＧａＮに興味はあるが、現時点で大きな投資をするのは難しい」という企業が多いのは事実です。が、「ＧａＮによるイノベーションを実現したい」という意思を示してくれる企業に集まってもらうことが実現しました。

当時、企業からは、産学連携の拠点として「大学主導で企業を集めてほしい」という要望がありました。企業同士ではいいにくいこともあるものです。しかし、大学という場を利用すれば、お互いの立場を超えて議論しながら、研究開発を進められるはず。つまり、企業間の壁が低くなるわけです。これもまた、産学連携における大きなメリットだと思います。

もちろん、「ＧａＮを使って省エネルギー化を目指す」というテーマを掲げたことも、企業が賛同してくれた大きな理由であることは間違いありません。

一般社団法人化した時点（二〇一九年一〇月）で、「ＧａＮコンソーシアム」には、企業等が四七機関、公的研究機関が二機関、さらに二〇の大学が参加しており、前身のＧａＮ研究コンソーシアム発足当初の、ほぼ倍になりました。今後も会員企業の声や要望を取り入れることで、より良い研究環境を作りたいと思います。そして、このコンソーシアムを通じ、ＧａＮの社会実装に向け、企業が活動しやすい環境を提供していきたいと考えています。

日本とアメリカの工学を比べると、日本の場合、アメリカでいう理学に相当する部分が多い。どういう意味かというと、日本では学問だけに引きこもり、本来の工学のセンスが欠けているような気がするのです。この問題を解決するためにも、オープンイノベーションには、大きな期待を寄せています。

産学連携のメリットは、企業の研究者たちが大学に来て、大学の研究者たちと一緒に研究開発を進められる点にあります。名古屋大学を中心とする産学連携拠点で、研究と教育に同時に取り組むことで、日本における工学の考え方を改め、それを日本全体に広げていきたいと思います。

第五章　ＧａＮが創る未来のかたち

高効率なＧａＮの特性

ここまで述べてきたように、私には、ＧａＮによって省エネルギーと地球温暖化ガス削減を実現し、世の中の役に立ちたいという思いがあります。そうした思いから大学教員の立場で、人材育成や産学連携を進め、また新技術を実用化するためのコンソーシアム活動に取り組んできました。

ＧａＮは、光るデバイスや大電力のパワーデバイス、高出力の高周波デバイスと、様々な分野で利用できる潜在能力の高い材料です。いずれの分野においても、その意義を表すとしたら、低消費電力であり、省エネルギーになります。言い替えると、電気エネルギー利用の観点で「高効率」なのです。

この「高効率」という性質をいろいろな切り口で引き出し、世界中の人々に使ってもらう。そうして地球全体の環境問題・エネルギー問題の解決に貢献するという思いで研究を進めてきました。

この章では、ＩｏＴやＩｏＥの社会でＧａＮはどのような使い道があるのか、それを語ります。また、研究所のメンバーやコンソーシアムの会員企業との議論を通じて描いた、

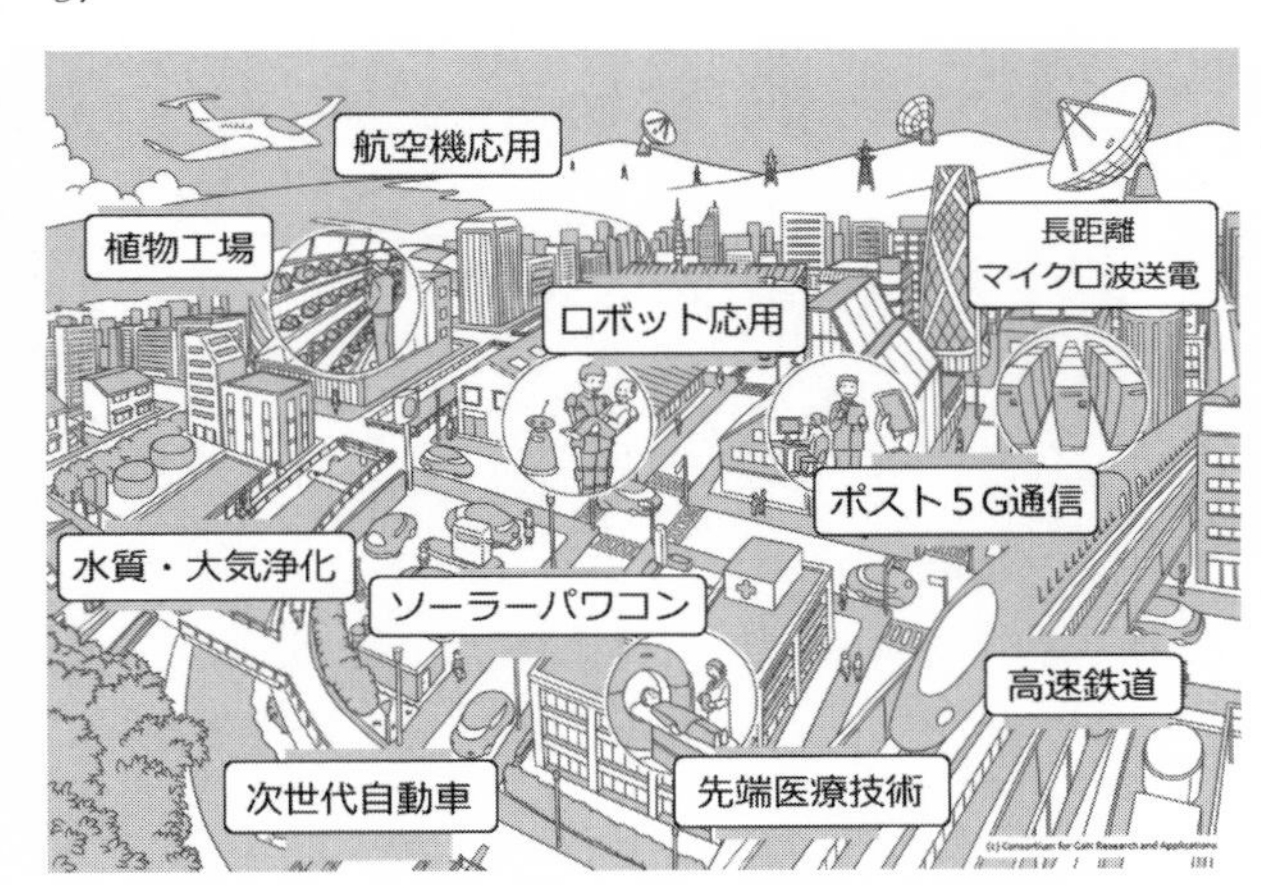

GaNコンソーシアムが描く未来社会図　出所：名古屋大学「省エネルギー社会の実現に資する次世代半導体研究開発」（http://www.ganpro.imass.nagoya-u.ac.jp/gan.html）

ＧａＮの実用化イメージを紹介したいと思います。

ＡＩ活用の実験シミュレーション

ＧａＮについて語る前に、実験のやり方そのものが劇的に変わる、そうした取り組みについて解説します。高い品質の材料を作るプロセス技術や結晶成長技術の研究において、異なる分野の先進技術を取り入れた、革新的な取り組みがあるのです。

ＧａＮの綺麗な結晶を作るために、私が何度も実験を繰り返したことは、第一章で述べました。その数は一五〇〇回以上になります。しかし今後は、こうした実験を「ＡＩを活用したシミュレーションで効率

炉内の加熱コイル

加熱コイル内実験試料の温度分布
（シミュレーション）

AIによる材料実験炉内イメージ（プロジェクション・マッピング）　提供：名古屋大学 未来材料・システム研究所 宇治原徹教授

的に行う」ことができるようになります。

材料分野に限らず、あらゆる研究において、考え得るすべての条件で実験をして確かめるには、膨大（ぼうだい）な時間と労力が必要になります。これに対して、たとえば条件の異なる数通りの実験データを取得し、そのデータをＡＩ機能を組み込んだシミュレータに入力すれば、他の条件での実験結果を、シミュレーション上で導き出すことができるようになるのです。

この技術によって、実際に行っていない実験の結果を推定できるほか、これまで実験で試みようとさえしなかった条件についても、シミュレーション上で試行することが可能になります。あくまでシミュレーション上の結果ですが、思いも寄らなかった実験条件を見つけることも期待できるでしょう。

また、プロジェクション・マッピングの技術を応用し、材料を作る装置の内部を透視しているかのように示す技術も、ユニークな取り組みの一つです。

プロジェクション・マッピングなので、実際の装置内の映像ではありません。ＡＩを活用し、実験中の材料の状態をシミュレーションする。そしてその結果をもとにＣＧで映像を作り、装置本体に投影するのです。

たとえば摂氏二〇〇〇度以上にも達することがある結晶成長炉では、炉内の状態を正確に観察することは困難です。

しかし、内部の状況をシミュレーションにより導き出し、結果を映像にして装置本体に投影することで、結晶成長中の炉内の状態をイメージしながら実験を行うことができるようになります。

ここに挙げた研究は、材料開発や結晶成長技術の研究における新しい手法の提案であり、これからの材料・プロセス開発を効率的に進める有益なツールになるものとして期待されます。

需要拡大が確実な半導体とは

次に省エネルギーに貢献できるパワーデバイスについて語り、なぜ私がＧａＮにこだわっているかを改めて理解してもらいたいと思います。

地球温暖化を抑えるため、世界各地で再生可能エネルギーの利用が進められています。その代表例が太陽光発電や風力発電、そして地熱発電やバイオマス発電などです。

これら再生可能エネルギーによる発電設備は、それぞれ配電系統、あるいは送電系統に接続されます。そして発電した電力は、電力系統を通して利用者に提供されます。

再生可能エネルギーは、昼夜の差、日照条件、あるいは風の強弱により、出力が揺らぐエネルギー資源です。この不安定な電源を、安定した運用が求められる配電系統や送電系統に接続するため、まずはパワーコンディショナーが必要になります。

パワーコンディショナーは、たとえば太陽光発電なら、直流の電力を、周波数と電圧がコントロールされた交流に変換します。あるいは風力発電なら、変動の大きな交流の出力を、同じく周波数と電圧のコントロールされた交流に変換します。

つまり、パワーデバイスによるインバータ（電力変換器）やコンバータを中心に、回路

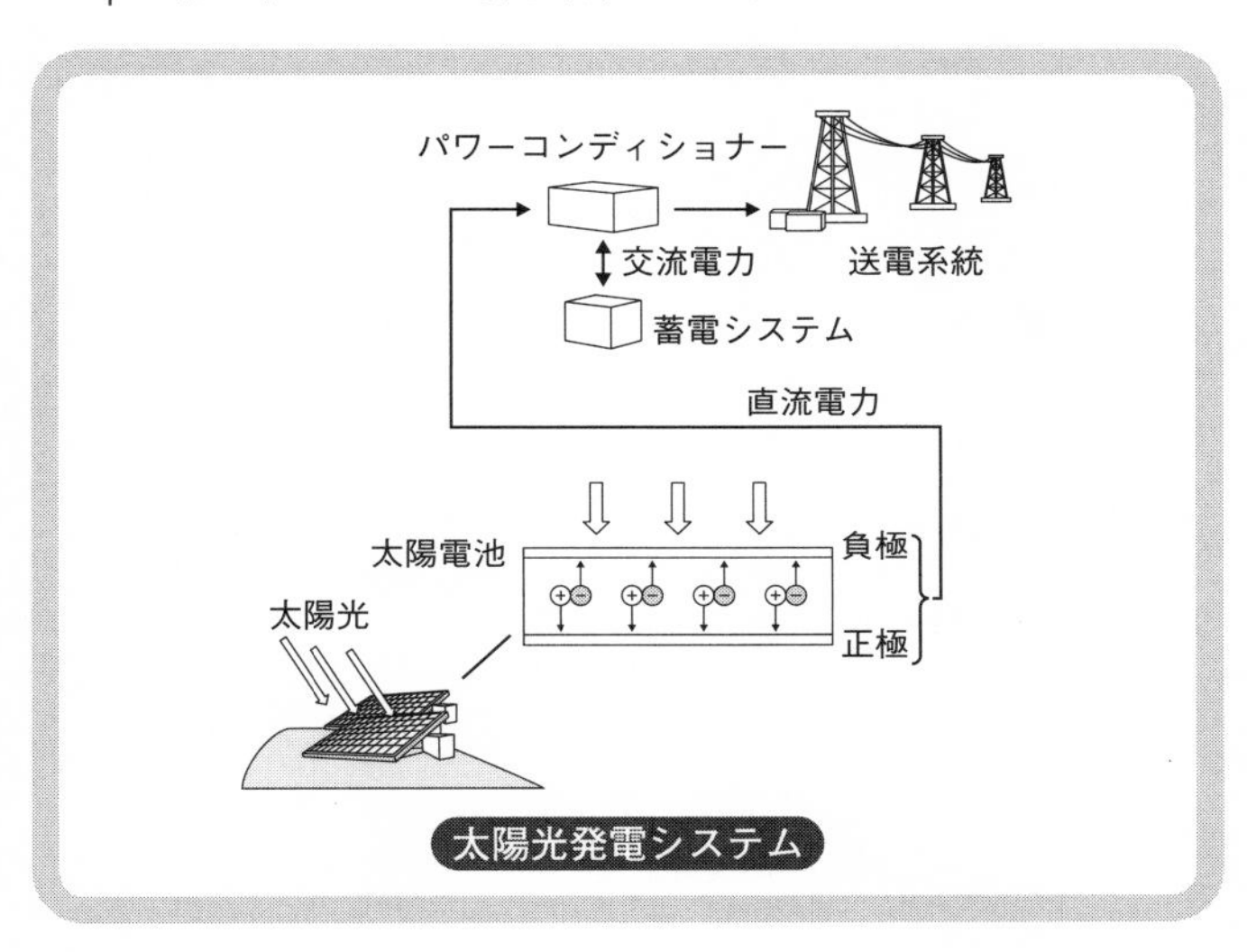
パワーコンディショナー
交流電力
送電系統
蓄電システム
直流電力
太陽電池
負極
太陽光
正極
太陽光発電システム

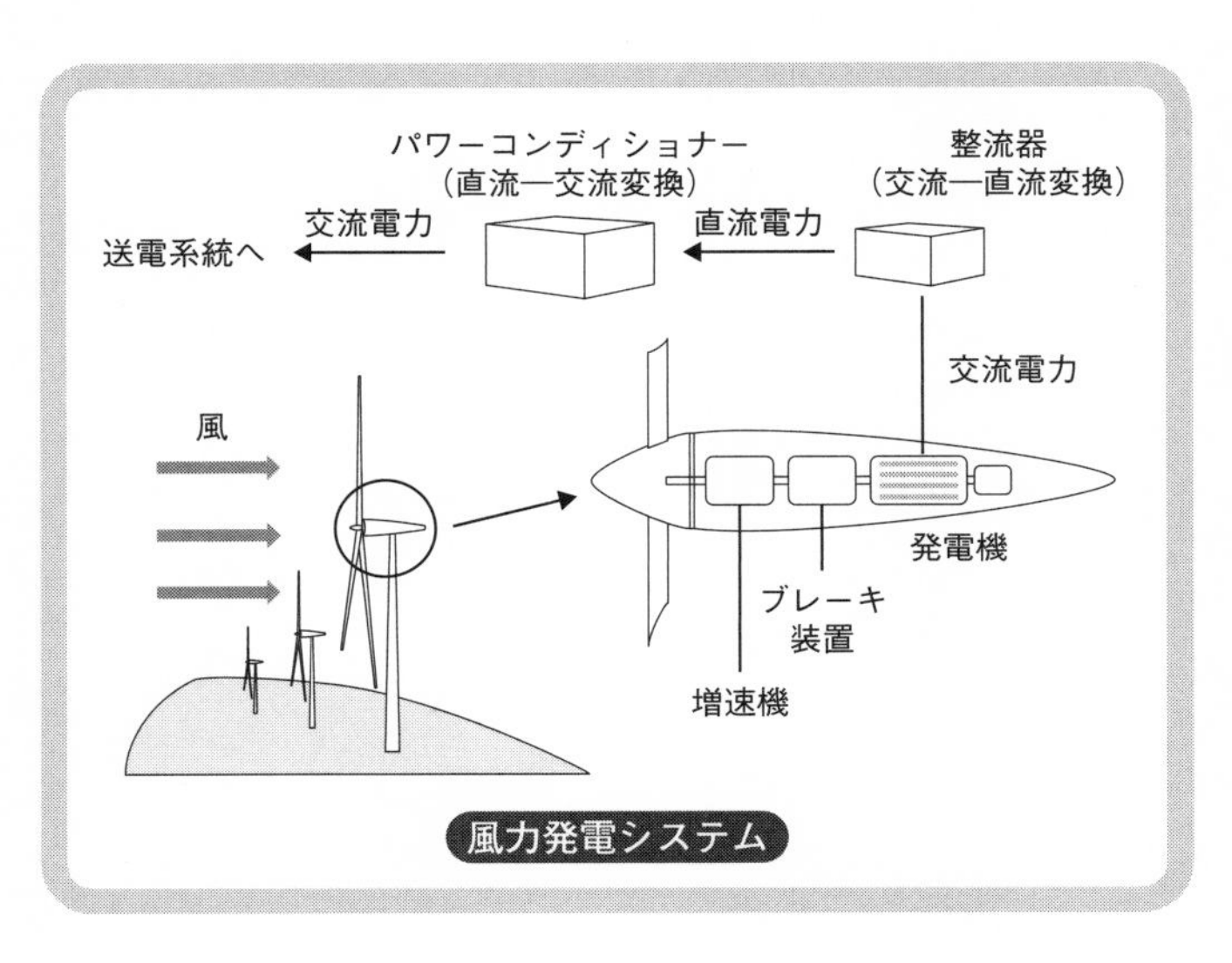
パワーコンディショナー
（直流ー交流変換）
整流器
（交流ー直流変換）
交流電力
直流電力
送電系統へ
交流電力
風
発電機
ブレーキ
装置
増速機
風力発電システム

システムは構成されているのです。

この際に用いるパワーデバイスには、パワーコンディショナーが接続される配電系統や送電系統それぞれの電圧を出力できるよう、高い電圧に耐え、大きな電流を流すことができ、さらに電力損失が小さいことが求められます。

現在は主にシリコンのパワー半導体が用いられていますが、ここにワイドバンドギャップ半導体を採用すれば、将来のエネルギーシステム全体の高効率化につながるでしょう。様々な地域に分散して設置された再生可能エネルギーの発電設備を、既存の送配電系統に組み入れたネットワーク形態は、ＩｏＥの概念を実現する基盤の一つと捉えています。したがって、このエネルギーネットワーク自体の「高効率化」は大きな意味を持つと考えています。

また、ワイドバンドギャップ半導体は、シリコンより高温で使うことができるため、パワーコンディショナーの放熱フィンなどの放熱構造を小型化、軽量化することも期待できます。

さらに、空冷用ファンと放熱フィンによる放熱設計から、ファンを用いない設計にする可能性も出てきます。ファンの故障を考慮する必要がなくなれば、発電設備として中長期

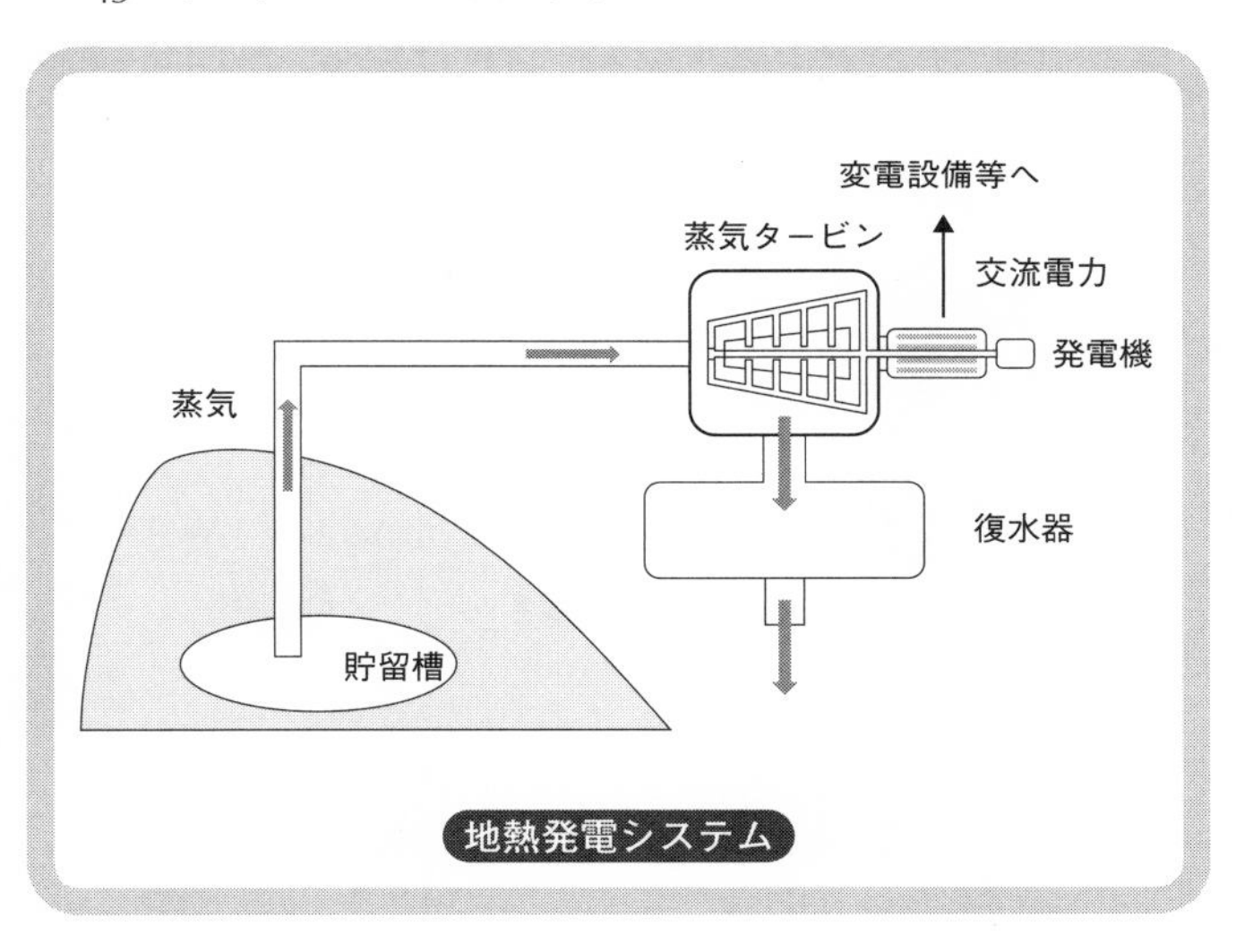

地熱発電システム

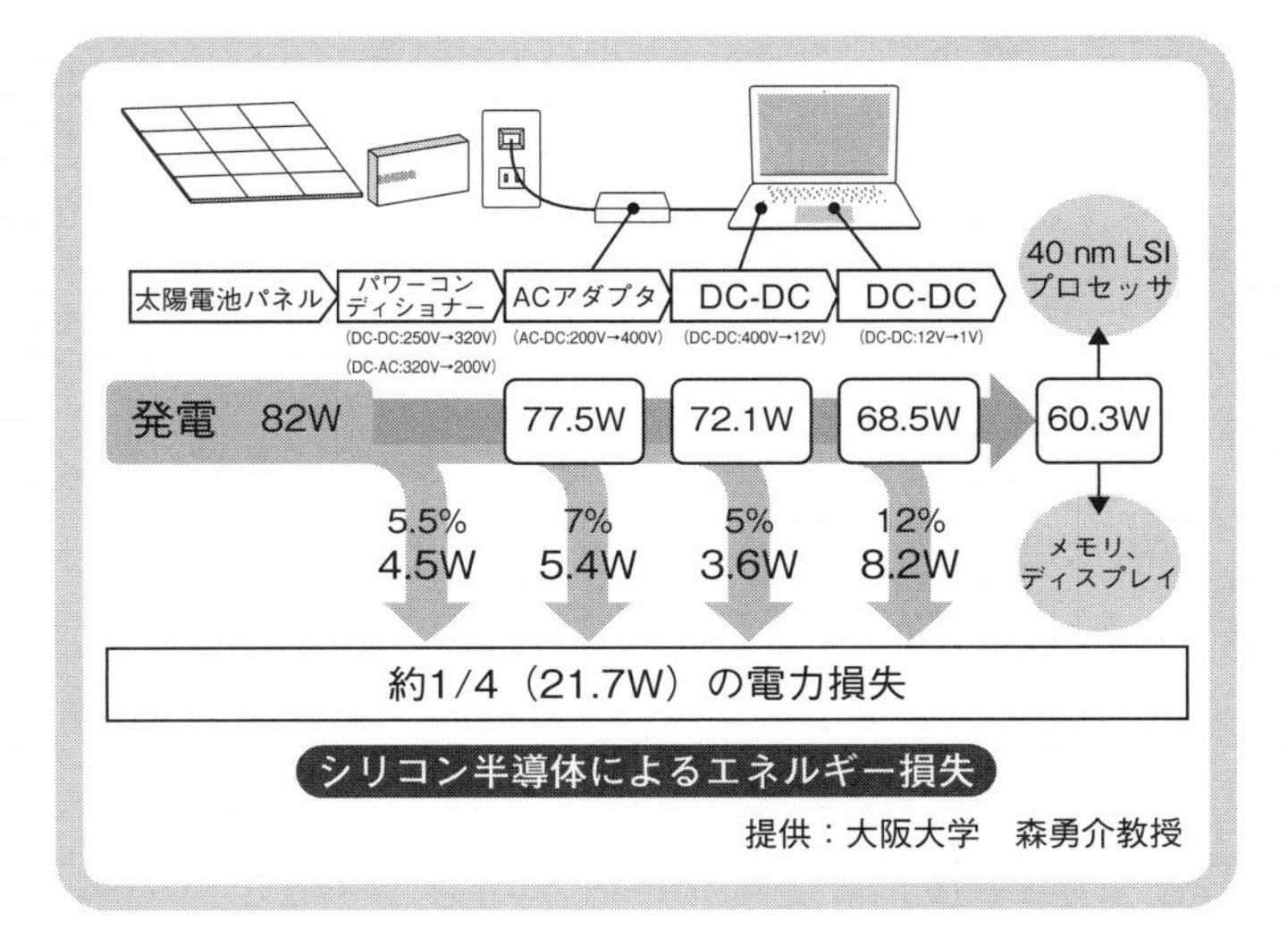

シリコン半導体によるエネルギー損失

提供：大阪大学　森勇介教授

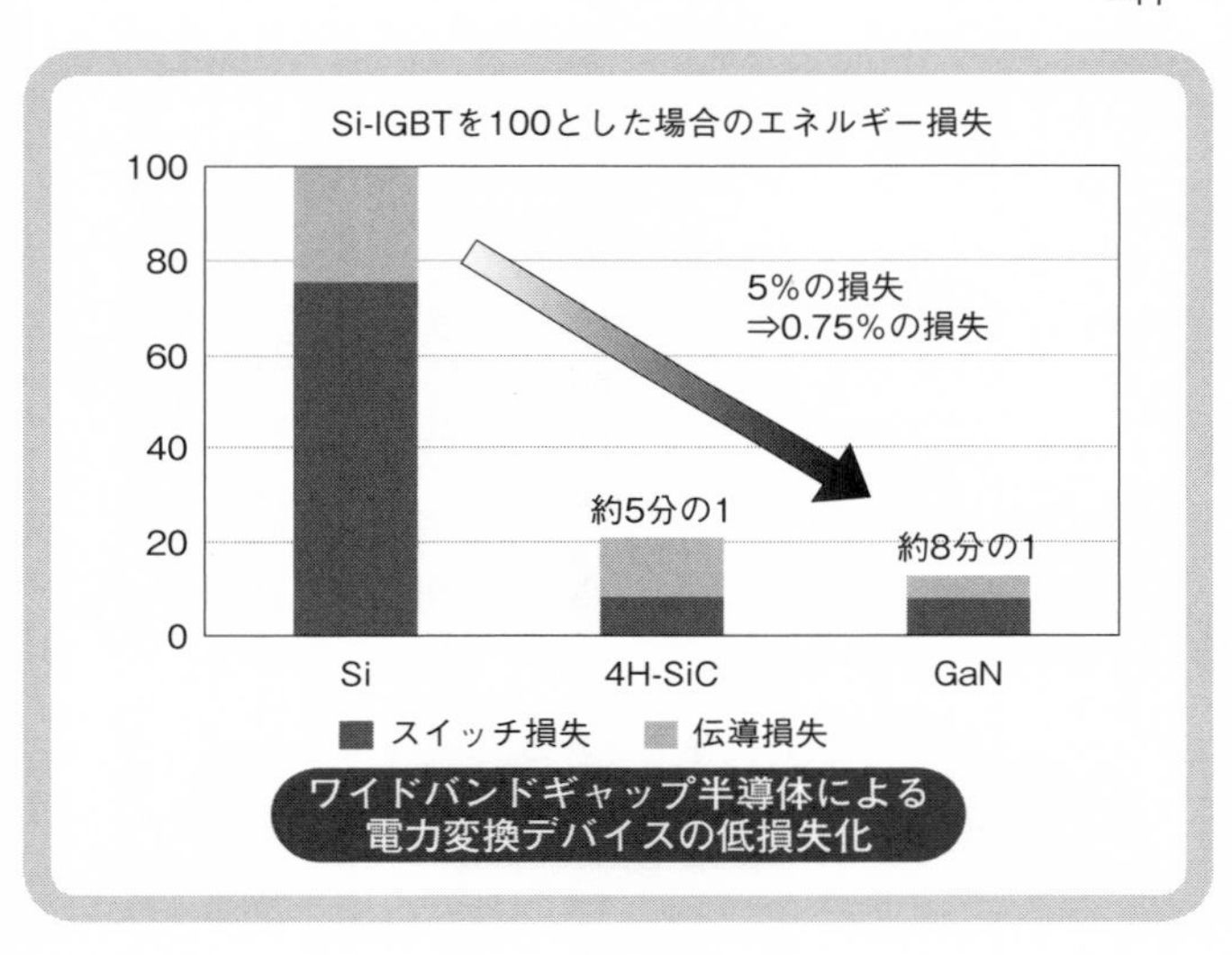
Si-IGBTを100とした場合のエネルギー損失
100
80
60
40
20
0
5%の損失
⇒0.75%の損失
約5分の1
約8分の1
Si
4H-SiC
GaN
スイッチ損失
伝導損失
ワイドバンドギャップ半導体による
電力変換デバイスの低損失化

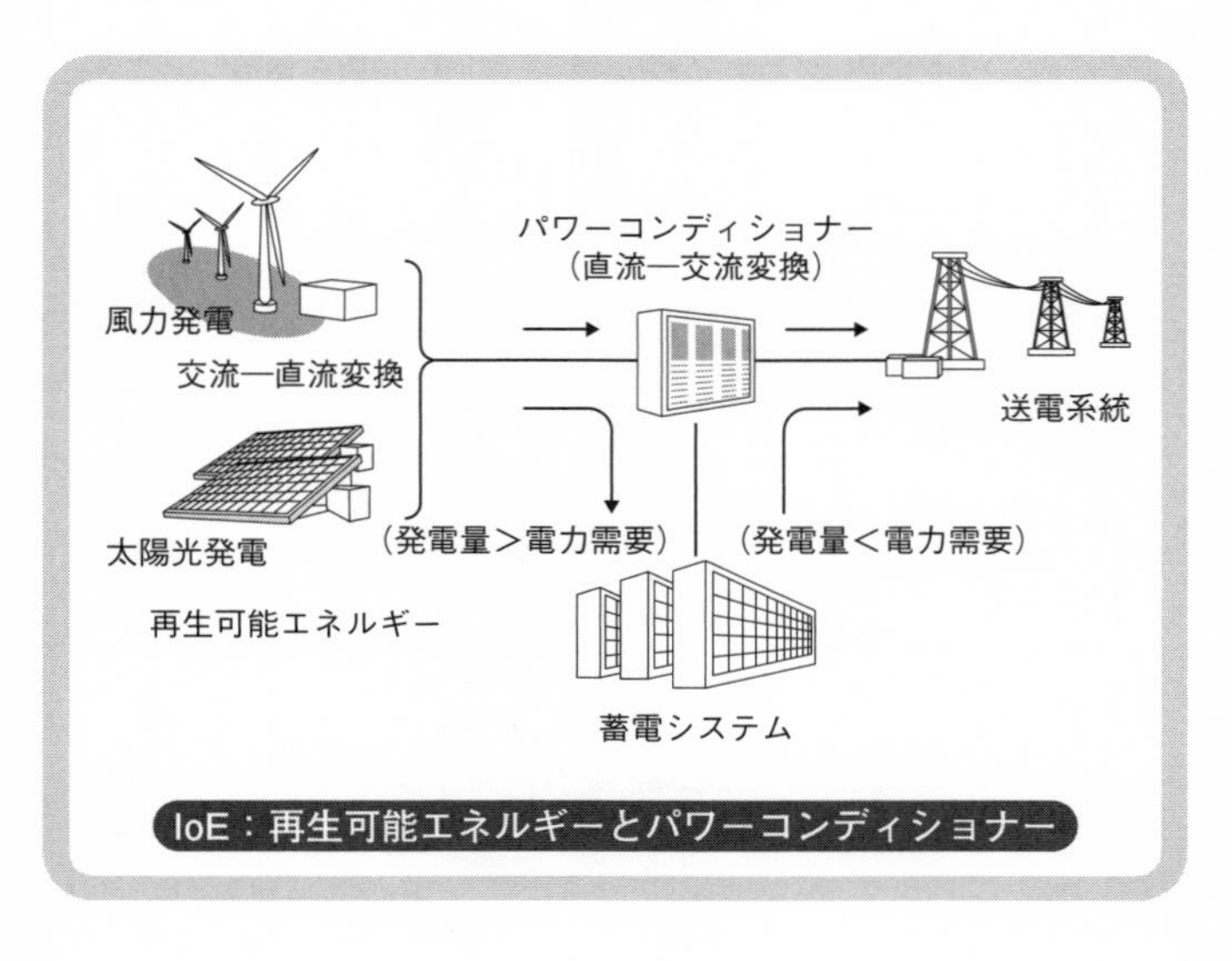
パワーコンディショナー
(直流ー交流変換)
風力発電
交流ー直流変換
送電系統
太陽光発電
(発電量>電力需要)
(発電量<電力需要)
再生可能エネルギー
蓄電システム
IoE:再生可能エネルギーとパワーコンディショナー

のメンテナンス性が良くなることは、大きな利点と考えられます。そのため、ＧａＮはじめワイドバンドギャップ半導体のパワーデバイス実用化に向け、精力的に研究開発が行われています。

直流給電システムで省エネを

省エネルギーを実現させるには、高効率な給電システムも整備していかなくてはなりません。

数百ボルトの直流による給電システムは、総務省のウェブサイトの記事「『直流給電システムのインターフェース仕様』の国際標準化」によれば、高効率・高信頼の給電方法として、データセンターで適用され始めているとされます。

また、「直流給電アライアンス」のウェブサイトによると、再生可能エネルギーである太陽光発電や、蓄電システムを併設するようになっている工場内、あるいは家庭内の配電を、直流四〇〇ボルトにすることも検討されているというのです。

「直流給電アライアンス」は、省エネや停電時のバックアップなどに役立つ直流給電システムの開発を目的に設立された組織で、携帯電話の端末メーカーや通信機器メーカーなど

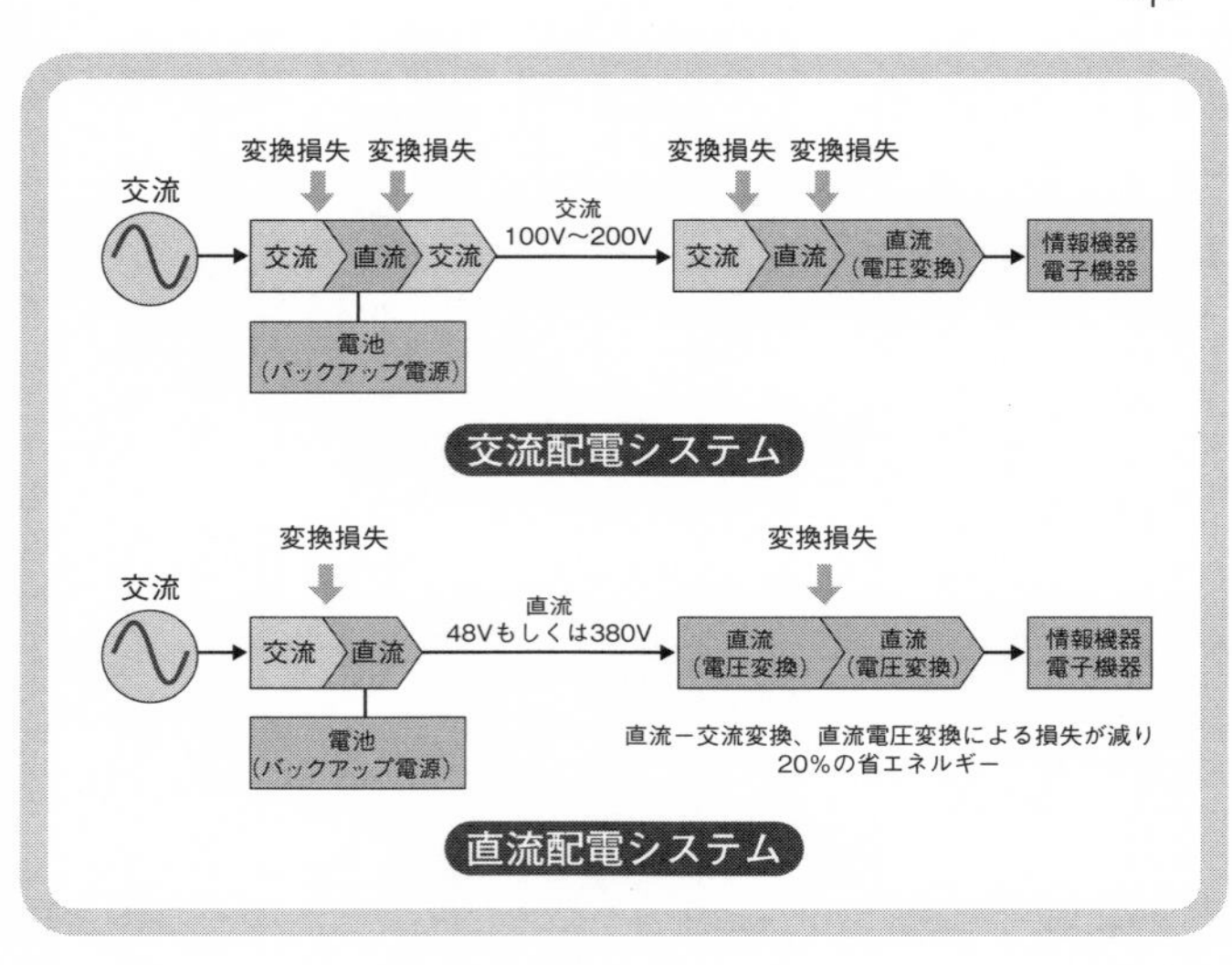

が参加しています。

同じ電力を送る場合なら、電圧を高くすると電流を減らすことができます。電力損失は「電流×電流×抵抗」の式で表されるので、電圧を高くして電流を減らすことは、電力損失を低減し、大きな省エネルギーになるのです。

また、産業用機器や家電機器の多くは直流で動作するので、交流から直流に変換する必要がなくなり、その過程の電力損失がなくなることによる省エネルギー効果も期待されます。

直流給電・配電のシステムは、機器の入力電圧に合わせて電圧変換を行う必要があります。そしてこの電圧変換には、電力が損失しにくいワイドバンドギャップ半導体のパワーデバイスが期待されています。

また、直流の配電で課題となる機械式スイッチのアーク放電対策にも、ワイドバンドギャップ半導体のパワーデバイスが使われる可能性があると考えています。

ＥＶ軽量化でＧａＮが果たす役割

さて、ＧａＮを含むワイドバンドギャップ半導体は、具体的にどんなものに用いられていくのでしょうか。まずは電気自動車（ＥＶ）です。

地球温暖化ガス（CO_2）の排出削減のため、自動車のＥＶ化が進められています。ハイブリッド車を含め、駆動系には高いトルクを発生するモーターが用いられており、そのモーターを回すため、バッテリーから供給される直流電力を周波数可変の交流に変換するインバータが搭載されています。

自動車のエネルギー効率を上げるためには、車体重量を軽量化することが求められ、モーター、インバータ、電池を含む駆動系に用いるそれぞれの機器を小さく軽くする技術の開発が進められています。車体重量の軽量化は、搭載されている電池で走ることができる最大走行距離を延ばすことにもつながります。また、最大走行距離を同じ設計とした場合、より小さな容量の電池で済むので、電池の製造に必要となる希少な金属などの材料が削減できます。

さらに、モーターとそれを駆動するインバータを大幅に小型化・軽量化する技術が実現すれば、各車輪にモーターを内蔵したインホイールモーター方式のEVを構成できるようになります。内燃機関による自動車では、エンジンを車輪ごとに内蔵することなどは非現実的でした。しかし、電動モーターにすることで、実現性が出てきたのです。試作車による走行実験も発表されています。

モーター一つで四輪を駆動するEV、インホイールモーターによるEV、いずれの方式のEVでも、求められる特性はインバータを含む駆動系の小型化・軽量化です。そこでワイドバンドギャップ半導体の出番です。

ワイドバンドギャップ半導体のパワーデバイスは、電力が低損失で発熱が小さい。加えて比較的高温でも動作します。そのため、空冷による軽量なモーターシステムを実現できる可能性があります。

この空冷化が実現すれば、さらに車両は軽量化し、最大走行距離が延びるでしょう。また、電池容量の削減によって低価格化するなど、ユーザー満足度の向上も期待できます。

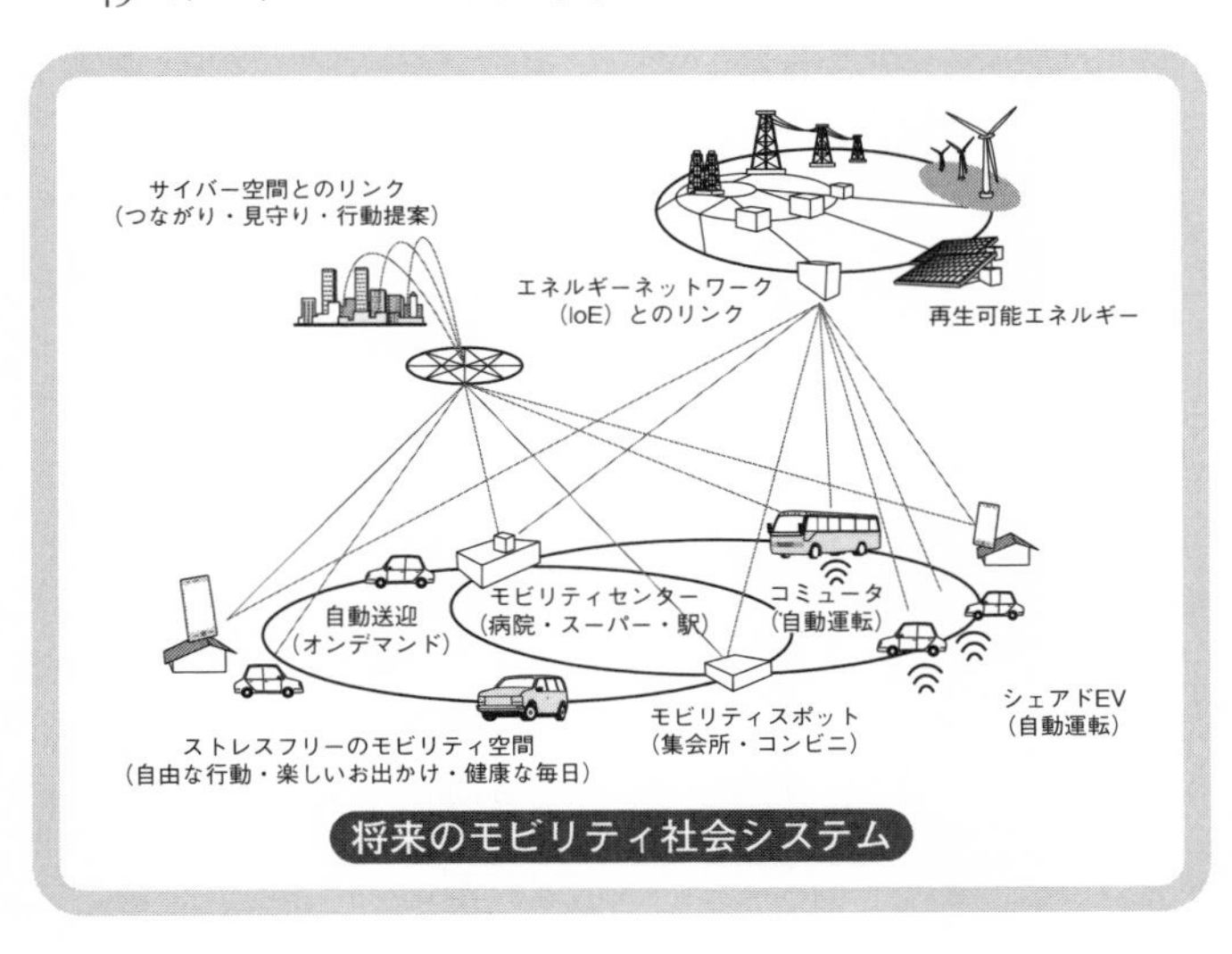

将来のモビリティ社会システム

自動車メーカーの関係者の話では、電池やモーターの占める体積を小さくできれば車内空間が広くなるので、この点もユーザーにとっては喜ばしいことだといいます。

　これらの点で、ワイドバンドギャップ半導体のパワーデバイスは、モビリティ社会の省エネルギー化に貢献できると考えています。

　ＥＶの将来のイメージは、現在の自動車と同様の速度で長距離移動が可能な車を実用化するというものですが、この駆動系の技術をコミュータやカートに適用することも可能です。利用シーンとしては、電動カートと自動運転技術、そしてクラウドを介したＡＩ制御を組み合わせた、高齢者の日々の移動手段となり得る安全かつ便利な都市交通システムです。

このコンセプトは、過疎地に展開したコミュニティバスに導入することもあり得るでしょう。

名大とトヨタが創るＥＶの姿

東京大学の堀（洋一）・藤本（博志）研究室のウェブサイトを見ると、タイヤのなかにモーターを配置し、その駆動回路であるインバータも同時に組み込む「インホイールモーター方式」ＥＶの研究が進められていることが分かります。駆動システムを小型化し、各ホイール内に分割・内蔵するというもの。この方式では、いままで動力システムを置くために必要だったエンジンルームが不要になり、広く快適な乗車スペースを確保することが可能になります。

加えて車輪を別々に動かすことができるため、操舵性が向上し、スリップにも強くなることでしょう。また、それぞれのタイヤの向きが変えられるので、街中での縦列駐車や車庫入れも簡単にできるようになるはずです。

ＥＶを含め、自動車に搭載される機器の動作環境、特に使用温度の条件は厳しく、モー

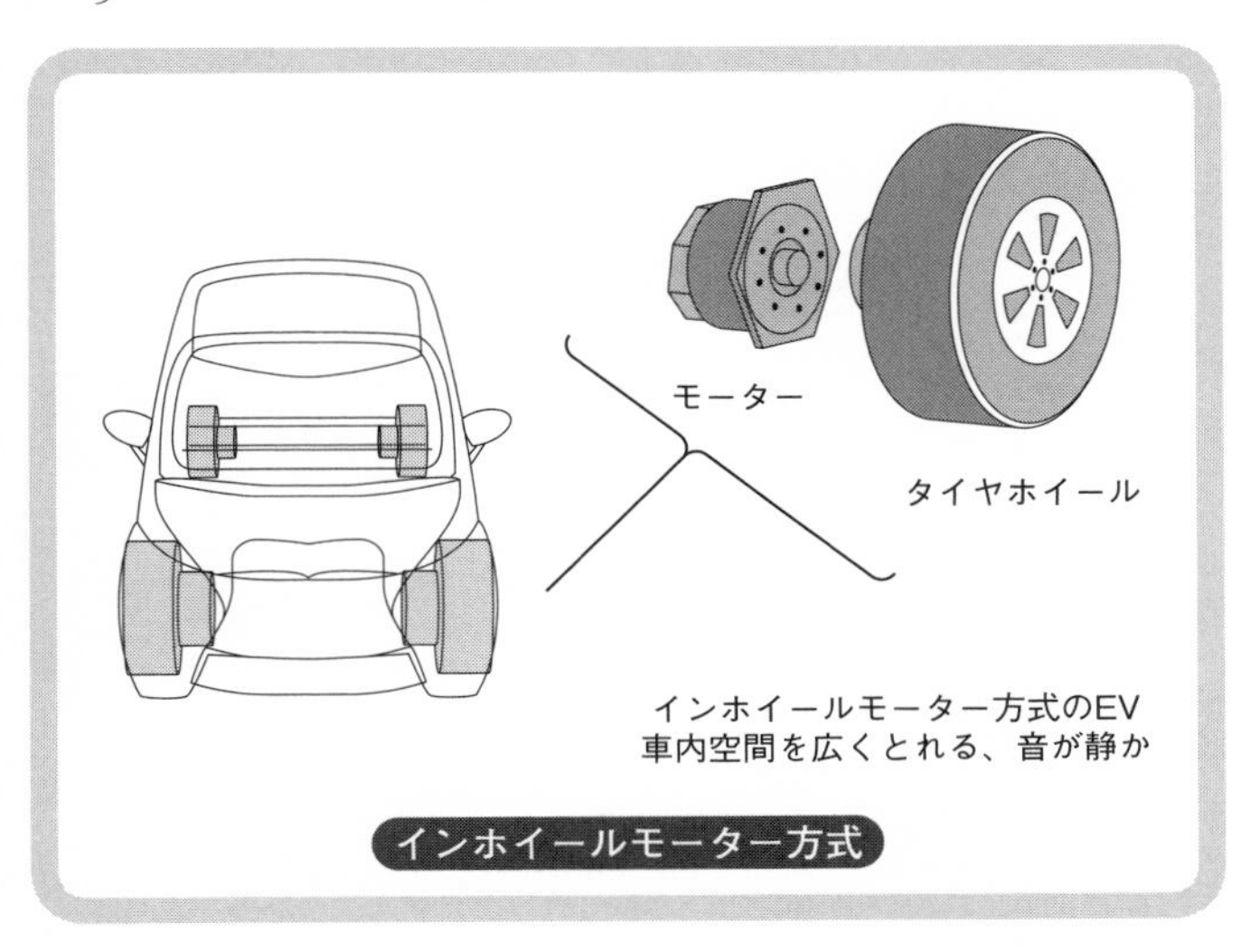
モーター
タイヤホイール
インホイールモーター方式のEV
車内空間を広くとれる、音が静か
インホイールモーター方式

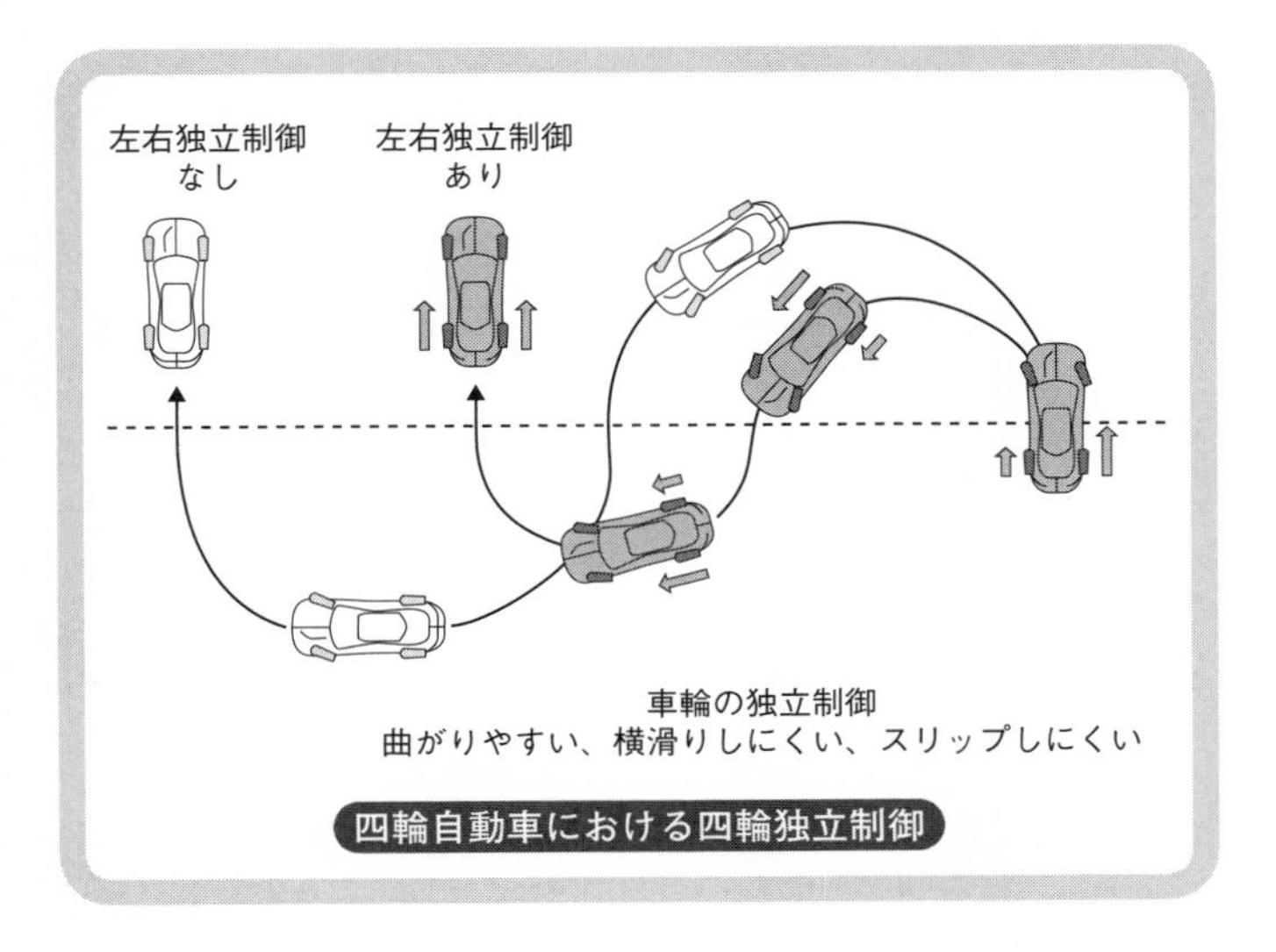
左右独立制御
なし
左右独立制御
あり
車輪の独立制御
曲がりやすい、横滑りしにくい、スリップしにくい
四輪自動車における四輪独立制御

ターを駆動するインバータも例外ではありません。技術革新によって各種部品の小型化が進む一方、その部品は、なるべく狭い空間にコンパクトに配置されるようになります。

その際、それら部品の温度条件を守るため、発熱の原因になるパワーデバイスには、デバイス自体の発熱が小さい（動作時の損失が低い）という特性が求められます。その点で、ワイドバンドギャップ半導体のパワーデバイスの開発動向が注目されているのです。

一方、ＥＶに搭載される部品は、モーターや電装品などの大きな電力を扱うものや、ヘッドライトやモニタディスプレイなど光を扱うものなど、とにかく多種多様です。それに焦点を当て、ＧａＮのデバイスを用いたＥＶの研究が、名古屋大学のトヨタ先端パワーエレクトロニクス寄附研究部門で行われています。

これは当然、ＧａＮの優れた性質を可能な限り活かしたＥＶになります。ＧａＮのＬＥＤやレーザーを使ったヘッドライト、ディスプレイ、ＧａＮトランジスタを用いたインバータ（電力変換器）、直流電圧に変換するコンバータなどが搭載されます。インバータは、バッテリーの電力を制御してモーターに伝え、タイヤを駆動する役割を担います。

名古屋大学の研究部門では、駆動系における電力以外の損失低減、電装品の省エネルギー化、モーターの低コスト化、変換器の最適化など、その他の多くの課題にも取り組んでいます。しかしEVとして最大の課題は、車体重量の約二割を占めるバッテリーの軽量化です。

EVに用いられることの多い現在のリチウムイオン電池は、安全性確保のために重量が嵩(かさ)みます。だから高い体積エネルギー密度を有する次世代の固体電池の実用化に期待するとともに、GaNトランジスタ(パワーデバイス)による電力の低損失化を目指しています。

電力損失が少ないGaNトランジスタが実用化されれば、バッテリー容量の削減が可能になり、EVの軽量化につながります。このことから、高性能なGaNパワーデバイスは、EVを通して将来の物流分野の高効率化にも貢献できるものと考えています。

高齢者のための無人自動運転車

高齢者による自動車事故が社会問題になっています。その一方で、中山間(ちゅうさんかん)地域や地方都市では、自動車は生活必需品です。当然、高齢者世帯における移動手段の維持・確保は、重要な問題になってきています。

そのような状況に対して、名古屋大学のCOI(Center of Innovation)事業「人がつながる〝移動〟イノベーション拠点」では、高齢化がいち早く進む中山間地域やオールドニュータウンにおいて、車を運転しない高齢者に向けたモビリティサービスの社会実装の取り組み「ゆっくり自動運転®」を続けています。研究リーダーは、名古屋大学の森川(もりかわ)高行(たかゆき)教授です。

このモビリティサービスの特長は、時速二〇キロ以下という、ゆっくりした速度で走る無人の自動運転車での移動サービスの提供を目指している点です。公道で一般車と共存する無人の自動運転車になるため、名古屋大学ＣＯＩで開発中の「ダイナミックマップ」（移動する自動車などの動的情報を地図上に重ねて、移動体同士の調停を行ったり、経路案内をしたりする技術）の上に、自動運転車の現在地を示します。そしてそれを参照した一般車が、違うルートを選択できるようにする。加えて、後続の車列が滞留することが予想される場合は自動的に路肩に寄って道を譲る、といった機能などを開発しています。

速度を下げることと、公道でも走行地域を限定することで、自動運転制御の技術的ハードルを下げ、必要なセンサー類の要求仕様も下げることができます。その結果、高齢者にとって利用しやすく、地域にとっても導入しやすいサービスになるはずです。

また、新しい自動運転技術の研究も行われています。音声に加えて、乗っている人の視

ゆっくり自動運転®　提供：名古屋大学 未来社会創造機構 森川高行教授

線やジェスチャーなどを通して自動車を操作する「マルチモーダル対話型自動運転車」です。

この技術では「その角を曲がって」と指で方向を示せば、その方向に曲がってくれるような対話型の自動運転が実現します。従来の自動運転といえば、一定の車線を走行する、先行車両との車間を守りながら走行する、Ａ地点からＢ地点に向かうよう事前に入力された内容に従い走行する、というイメージでした。しかし将来の自動運転技術は、より進化した対話型になり、高齢者や身体機能が衰えた人の利便性を高める、非常に有益な技術になるでしょう。

このような将来のモビリティサービス

は、ＥＶの位置づけを高めると考えており、その社会実装を支えるものとして、ワイドバンドギャップ半導体のパワーデバイスが重要であることは間違いありません。

航空機はどのように進化するのか

ワイドバンドギャップ半導体が用いられるのは自動車だけではありません。航空機にも採用され、省エネにつながることになるでしょう。

航空機の世界では、電動モーターによるトルクアシスト技術の研究が続いています。トルクアシスト技術とは、ジェットエンジンのガスタービンを、電動モーターの回転力を補助動力として加えて回す技術のことです。

いま主流のジェット機は、ガスタービンエンジンという種類のジェットエンジンを搭載しています。ガスタービンエンジンは機体の両側に取りつけられ、入り口（前方）ではエンジンに入ってくる空気を高速で回転する羽根（タービン）で圧縮し、燃料を吹き込んだうえで火を点けます。この際、空気が一気に膨張し、さらに出口（後方）でも羽根を回し、膨張した空気を後ろに噴射することで、推進力を得ています。

この原理から、飛行機のスピードがまだ出ていない離陸のとき、すなわちエンジンに入ってくる空気が少ない状態のときに、十分な推進力を得るために、大量の燃料を使って速度を上げています。その結果、離陸から上昇し、水平飛行高度に移るまでに大量の燃料を消費しているのです。

それを改善するために、離陸時に電動モーターを使って加速の補助をする仕組みが検討されています。これが専門用語でいう「トルクアシスト」です。この仕組みによって消費燃料を抑えるというのがハイブリッド電動航空機です。

たとえば、ボーイング社の７３７－８００型機のガスタービンエンジンに約二〇〇万ワットのトルクアシストを導入するとどうなるか？　離陸の低速航行時に、およそ九％の燃料消費量抑制効果があるというのです。

このような技術は、電気の力を借りるとはいえ、ジェット機の延長線上にある技術です。そのため比較的早く、二〇三〇年ごろには運用の検討が始まるのではないかといわれています。

これを実現させるには、トルクアシスト用に追加されるモーターとインバータシステムが軽量でなければなりません。そして、モーターの小型化にはインバータにおける高速のスイッチング動作が有効であり、そうなると、高速スイッチング性能に優れたＧａＮのパ

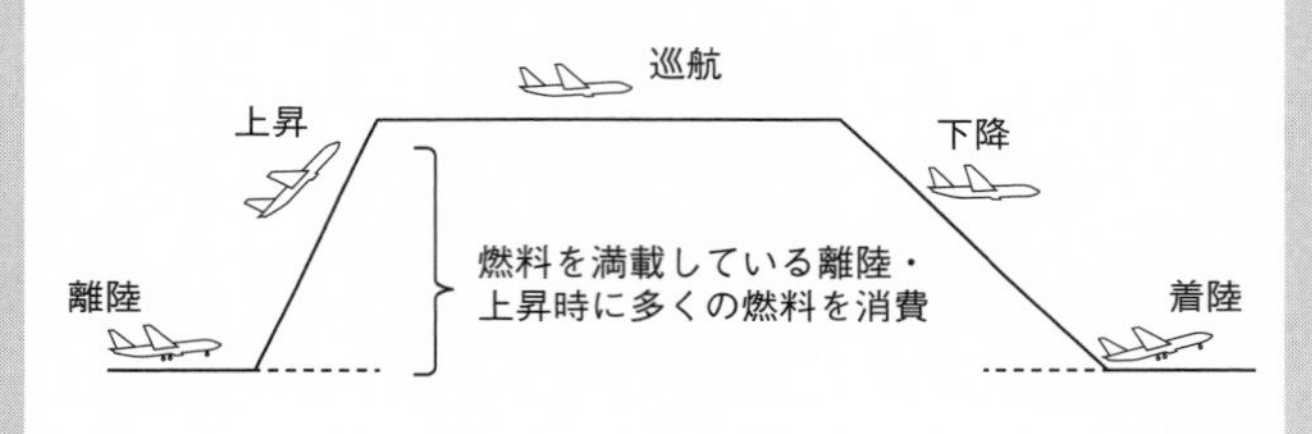

航空機の燃料消費

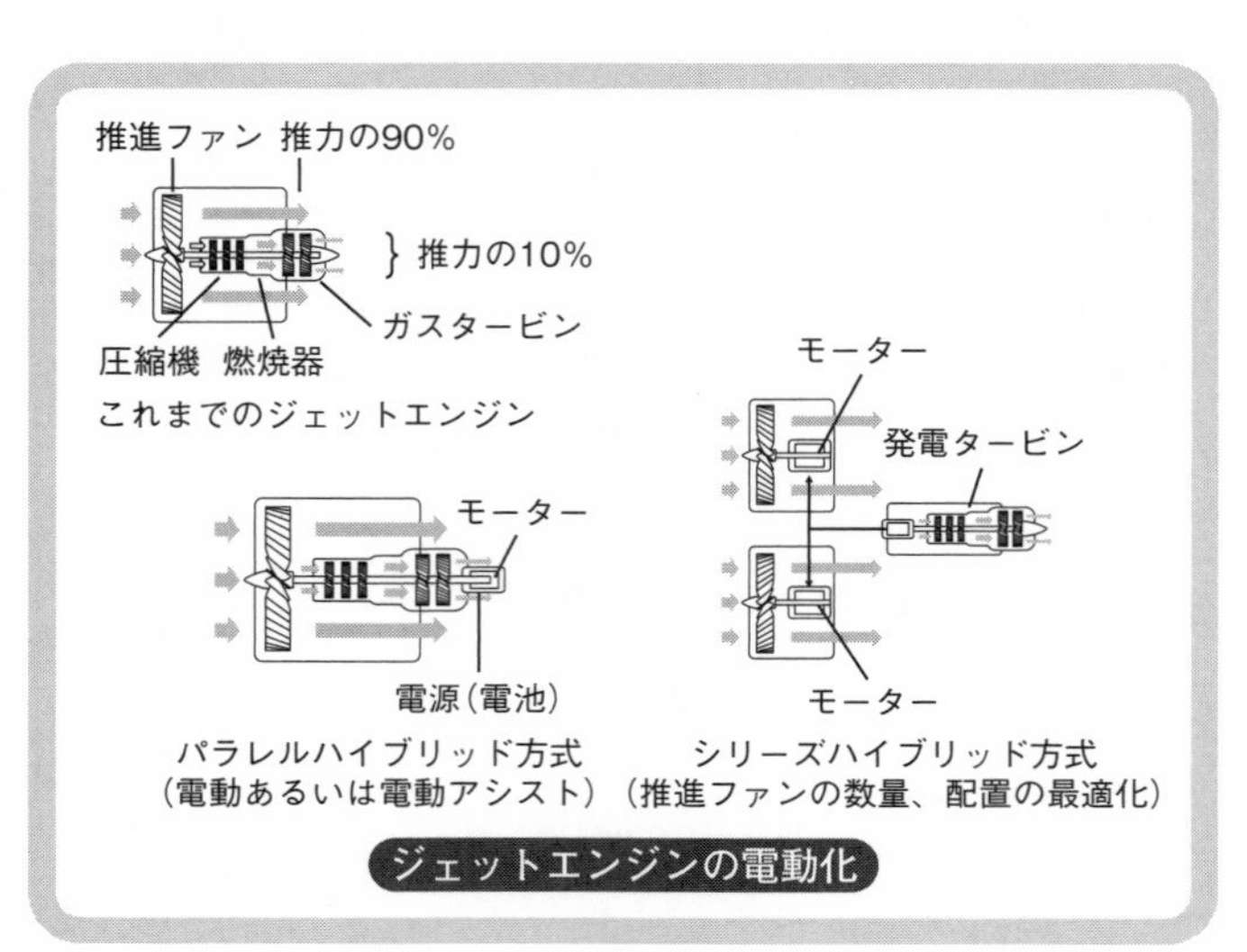

ジェットエンジンの電動化

ワーデバイスが採用されることになるはずです。

研究が進むワイヤレス電力伝送

ＩｏＴ社会では多くのセンサーがネットワーク化され、私たちの身近で、必要かつ有益な情報のやり取りをするようになります。たとえば自動運転には、カメラやレーダーなどのセンシング機能が欠かせません。またＡＩに用いるデータの多くも、身の回りの家電機器や携帯機器に搭載されたセンサーから取得しています。

この家電機器や携帯機器、そしてセンサーには、すべて電源が必要になります。とはいえ、これらすべてを電源ケーブルでつなぐのは大変です。そこで電源ケーブルに代わる手段として、無線で電力を送る「ワイヤレス電力伝送技術」が検討されています。

ワイヤレス電力伝送技術とは、交流の電界や磁界を用いた電磁結合によって電力を伝える技術、あるいは電磁界の伝搬(でんぱん)を利用して電力を伝える技術のことです。

すでにスマートフォンの一部の機種は、ワイヤレス充電器で充電できるようになっています。コンセントにつなげず、充電器からある程度離れていても充電できるのです。今後、ＩｏＴ社会の電源供給手段の一つとして、これが、スマートフォン以外の機器でも使われるようになっていくでしょう。

たとえば走行中のＥＶに、このワイヤレス電力伝送技術を使う研究も行われています。これが実現したら、そのＥＶが搭載するバッテリーの容量を小さくできます。すると車両の軽量化につながり、エネルギー効率もアップ。また、電池に用いる希少金属などの材料が削減できるため、地球環境に優しい技術になるはずです。

飛行中のドローンにも給電

工場内で稼働中のロボットに対してワイヤレスで電力を送る研究も進められています。この技術が実現すればロボットの稼働率は上がり、同時に生産性も向上することは間違いありません。

それから飛行中のドローンにも、やはりワイヤレスで電力を供給できるようになっていくはずです。これは、走行中のＥＶへのワイヤレス電力伝送技術の応用といえるでしょう。

ドローンは多くの分野で活用が期待される技術ですが、搭載する電池の容量で最大飛行時間が制限される課題があります。遠くまで荷物を運ぶ際には当然、飛行時間を長くした

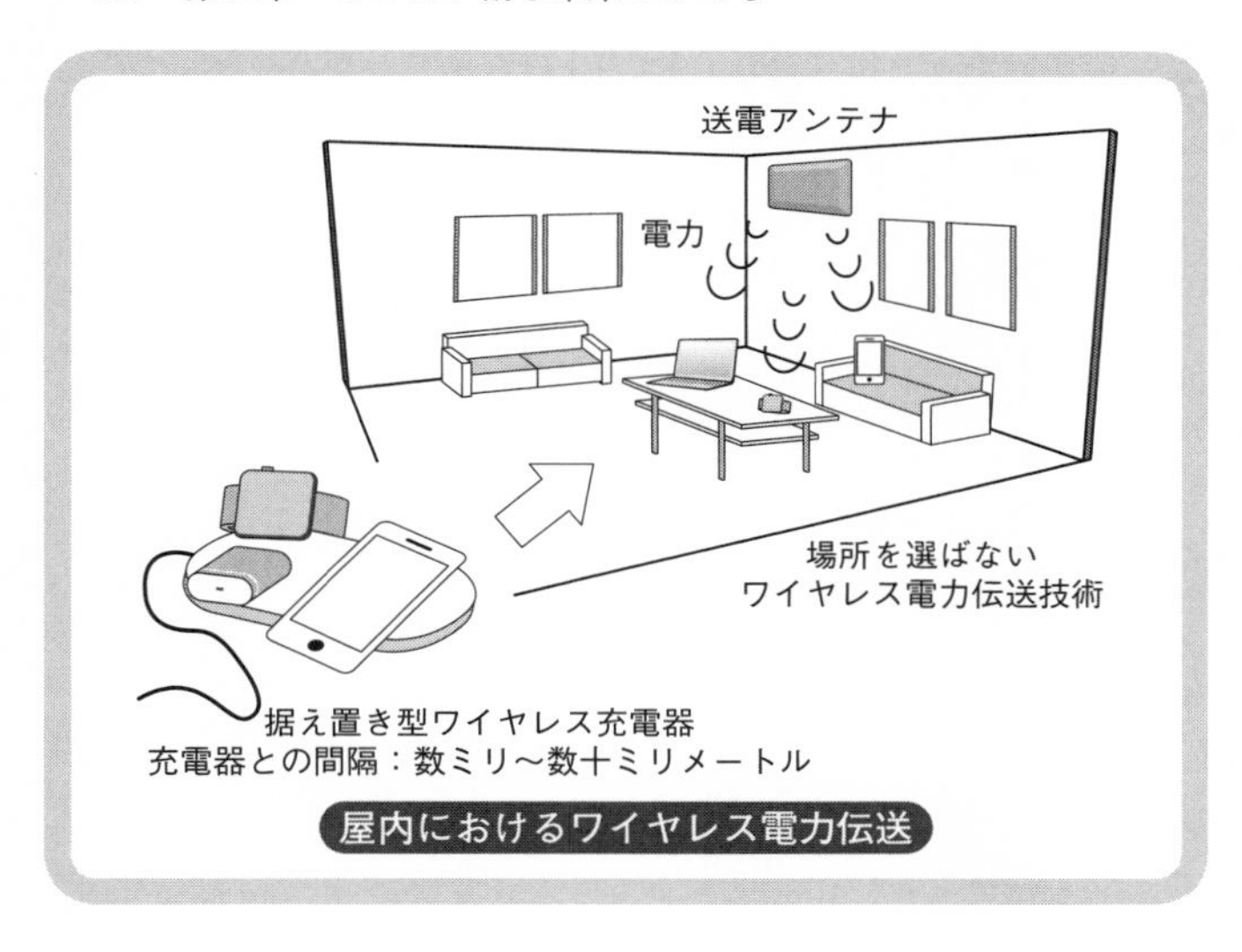

屋内におけるワイヤレス電力伝送

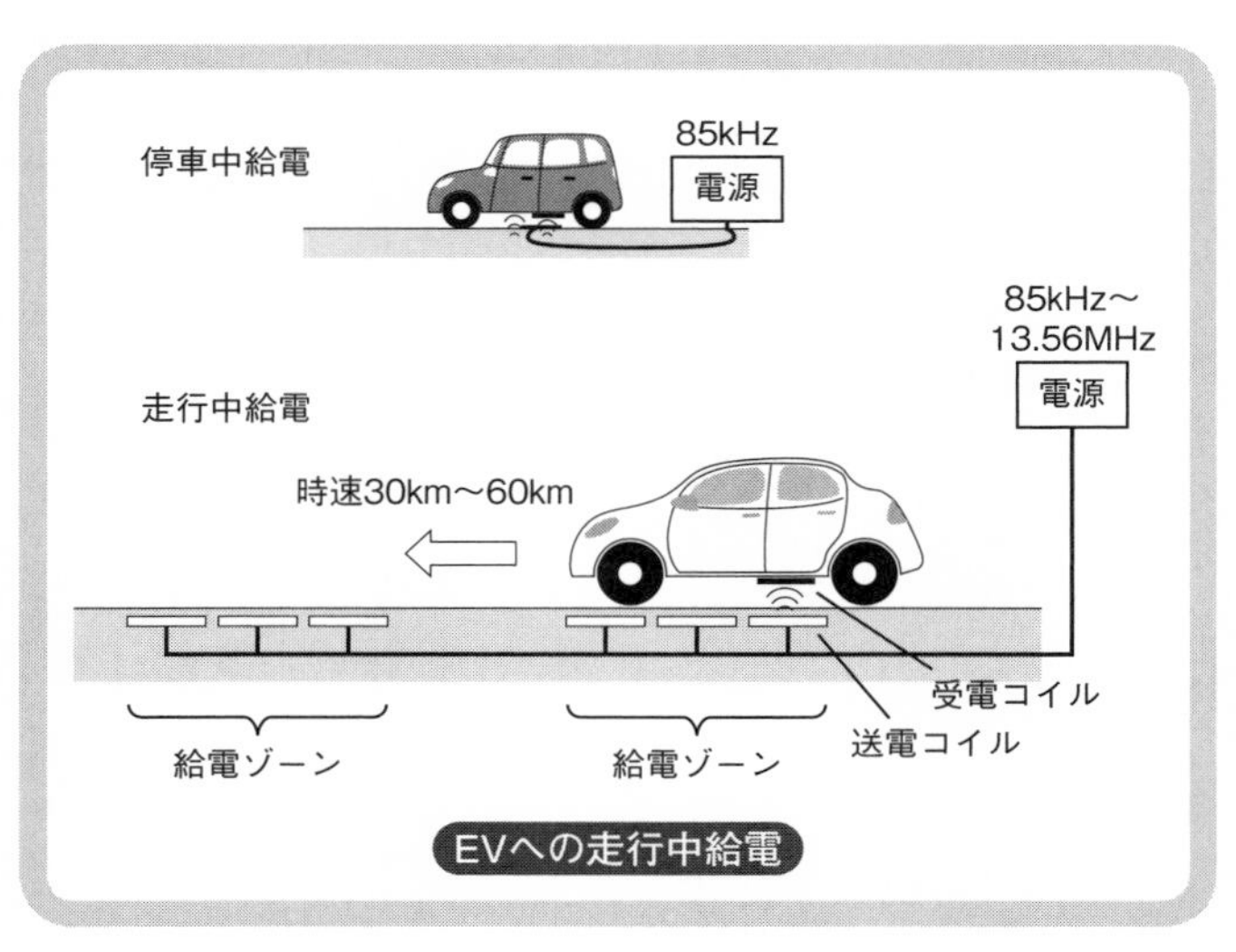

EVへの走行中給電

い。輸送距離を長くするためには電池を多く積む必要があるのですが、電池の容量を増やすと機体の重量も増加し、積載可能な荷物の重量に制限が生じるなど、デメリットも生じます。こうした点を解決する手段として、ワイヤレス電力伝送による飛行中の電力供給が着目されているのです。

現状、大半のドローンは電池を搭載しており、電池交換のため、定期的にドローンポートに戻らなくてはなりません。しかし飛行中に電力を供給することができれば、ドローンポートに戻る時間をすべて飛行に充てることができるようになります。すると当然、作業効率が向上します。

ドローンに電源ケーブルを接続したまま、すなわち電力供給をしながら飛行させる方法もあり得るかもしれません。ただ、垂れ下がるケーブルの重量を考えると、やはりワイヤレス給電による電力供給が最善策でしょう。

千葉市はドローンによる宅配も

より具体的な話をしましょう。

たとえば電力会社は、自社設備の点検にドローンを利用することを検討しています（東

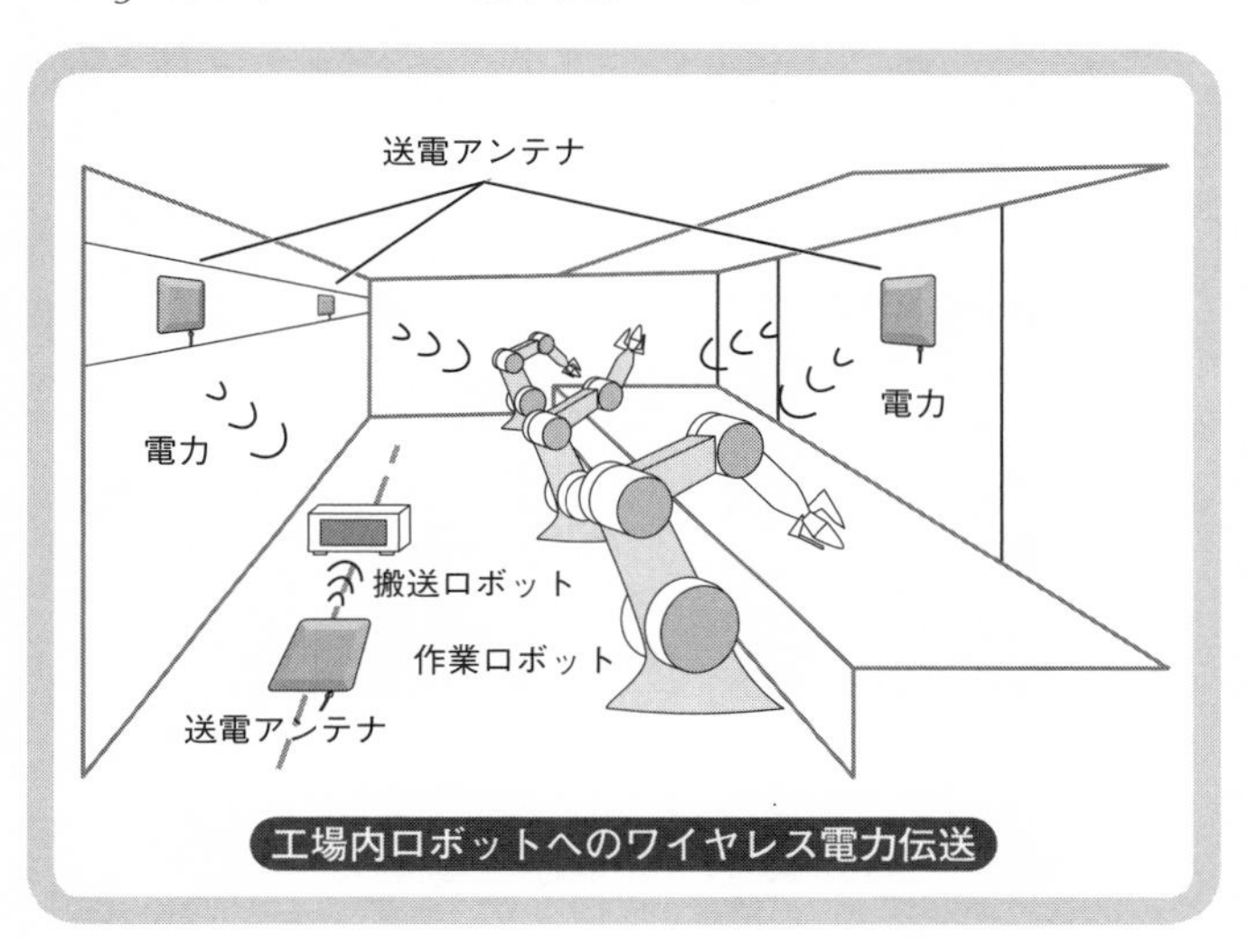
送電アンテナ
電力
電力
搬送ロボット
作業ロボット
送電アンテナ
工場内ロボットへのワイヤレス電力伝送

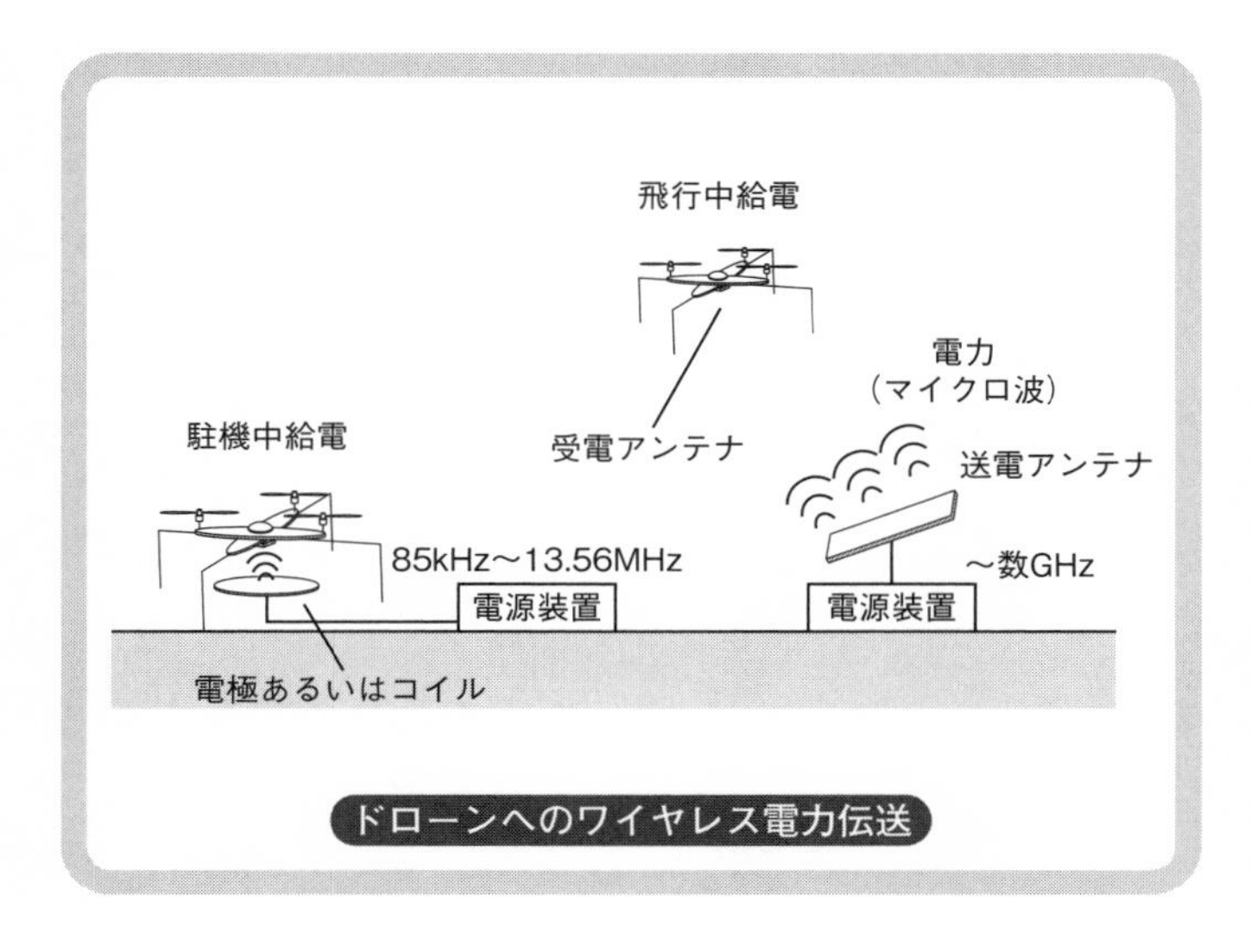
飛行中給電
電力
（マイクロ波）
駐機中給電
受電アンテナ
送電アンテナ
85kHz～13.56MHz
～数GHz
電源装置
電源装置
電極あるいはコイル
ドローンへのワイヤレス電力伝送

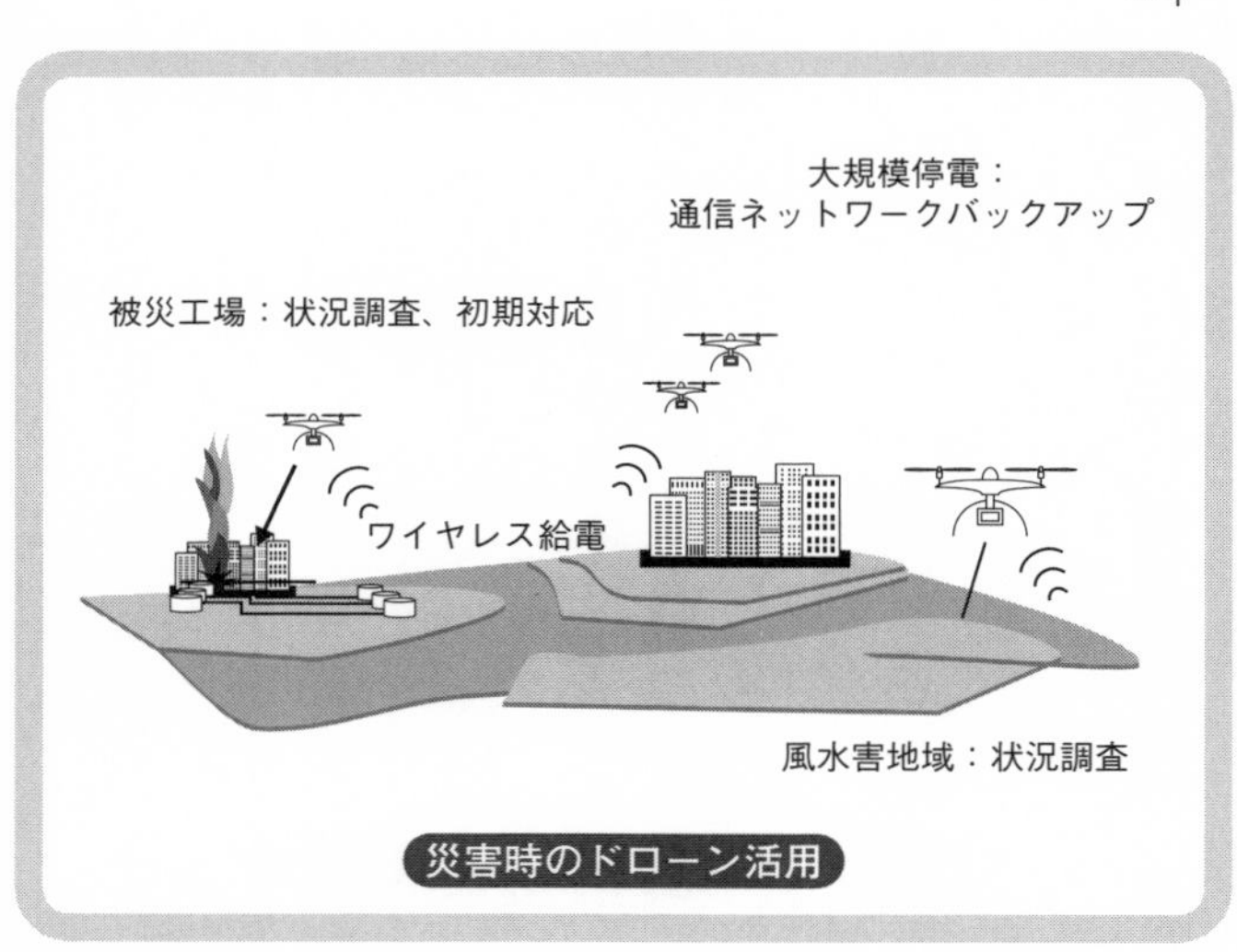

災害時のドローン活用

京電力「ドローンハイウェイ構想」）。この構想では、まず送電鉄塔や架空送電線といった飛行の妨げとなるインフラ設備の三次元データベースを整えます。次に鉄塔周辺や鉄塔上に機体の充電や点検・整備・修理サービスを提供する駐機場を設置する。さらにそれらを利用して、ドローンによる鉄塔や送電線の点検・管理を行うというものです。

この利用形態の発展型として、充電のために駐機場で停止することなく運用できるワイヤレス電力伝送技術に着目しているようです。

ドローンをめぐる動きはまだまだありま す。

災害時、被災地の状況をなるべく早く広く調べる必要がある場合や、緊急時の大型ドローンを使った人の輸送、たとえば病人やけが人の搬送においても、飛行時間や積載重量の制限をなくすことができるワイヤレス電力伝送が重要になります。

そしてワイヤレス電力伝送では、その送電部と受電部に、やはり電力を扱えるパワーデバイスが必要になります。しかも交流の電磁界が用いられるため、高周波でも動作するパワーデバイスに限定される。だからこそ、この部分にＧａＮを適用しようという研究が進められているのです。

以上のように、ドローンへのワイヤレス電力伝送が実現すれば、ドローンの活躍の場は一気に広がることは間違いありません。

その他にも、ドローンの産業的な利用の試みとして、海外ではホームデリバリーを想定した飛行実験がなされています。また千葉市は、東京湾臨海部の物流倉庫からドローンを出発させ、海や川の上空を飛行、幕張新都心内の集積所まで物を運ぶ構想の実証実験を始めています。

最終的には、ドローンによる宅配ビジネスの実現も想定。これも近い将来、実現することでしょう。

ＧａＮの殺菌システムで浄水を

さて、再び話をＧａＮに戻します。

ＧａＮは、水の殺菌によって、多くの人の飲み水を供給することにも一役買うでしょう。

ＧａＮと、その仲間である窒化アルミニウム（AlN）の混晶、窒化アルミニウム・ガリウム（AlGaN）を使うと、深紫外光のＬＥＤができます。深紫外光とは、青色の光より波長が短く、目に見えない紫外光より、さらに波長が短い光のことです。

深紫外光は医療機関で使用されているように、殺菌作用があります。この深紫外光を水に当てると、水に潜む細菌やウィルスを不活性化、すなわち増殖しないようにできます。

世界には安全な飲み水に困っている人が数多くいます。独立行政法人 国際協力機構（ＪＩＣＡ）の資料「生命と生活を支える水の供給　全ての人々に安全な水を」によれば、世界の人口約七〇億人のうち、九％以上の人が飲み水に困っているという現実があります。

また今後、世界的な人口増加や都市化の進展、あるいは食料生産のため、水の需要は増

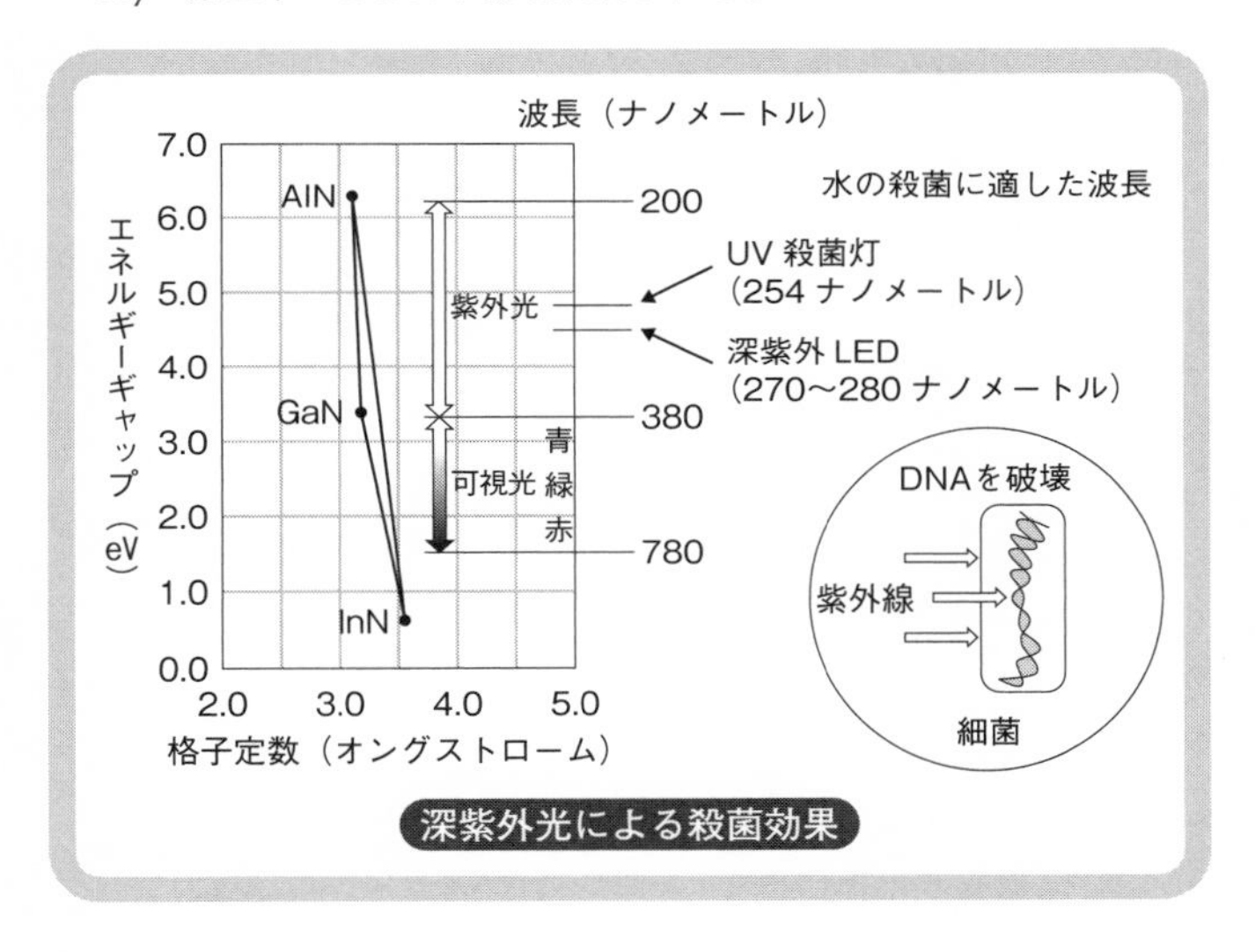

深紫外光による殺菌効果

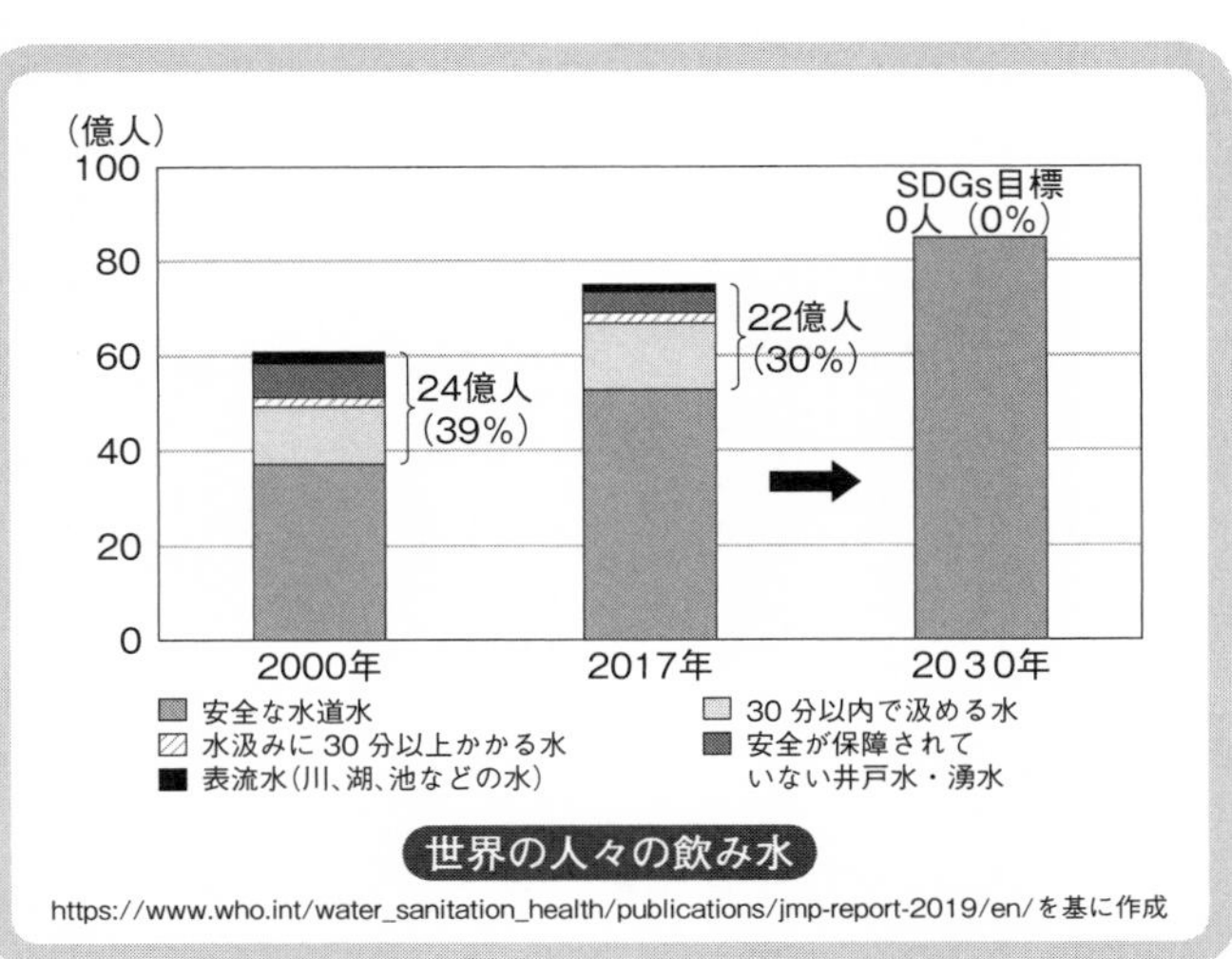

世界の人々の飲み水

https://www.who.int/water_sanitation_health/publications/jmp-report-2019/en/を基に作成

加するといわれており、安全な飲み水の安定供給は厳しさを増すように思います。

それぞれの国における公共水道の品質や経済的な要因も関係する課題ですが、一つの解決方法として、深紫外光ＬＥＤによる殺菌システムが使えると思います。

日本でも、地震や台風などの自然災害に襲われて上水道システムが機能しなくなったとき、簡易的に川の水や湖の水から安全な水を作ることができるシステムは、第二のライフラインとなるでしょう。

モンゴルのゲルに光が灯ったときのことは、第一章で述べました。青色ＬＥＤの普及により、少しずつではありますが、発展途上の国にも光が灯るようになり、夜に文字を読む手段を提供することができました。

同様に、安全な水が手に入りにくい国や地域でも安心して水が飲めるよう、ＧａＮの深紫外光ＬＥＤによる「水の殺菌装置」を作りたい。身近で水を浄化できる環境を提供したいと考えているのです。

ＬＥＤを使った植物工場を都市に

ＧａＮは農業のあり方を変える可能性もあります。

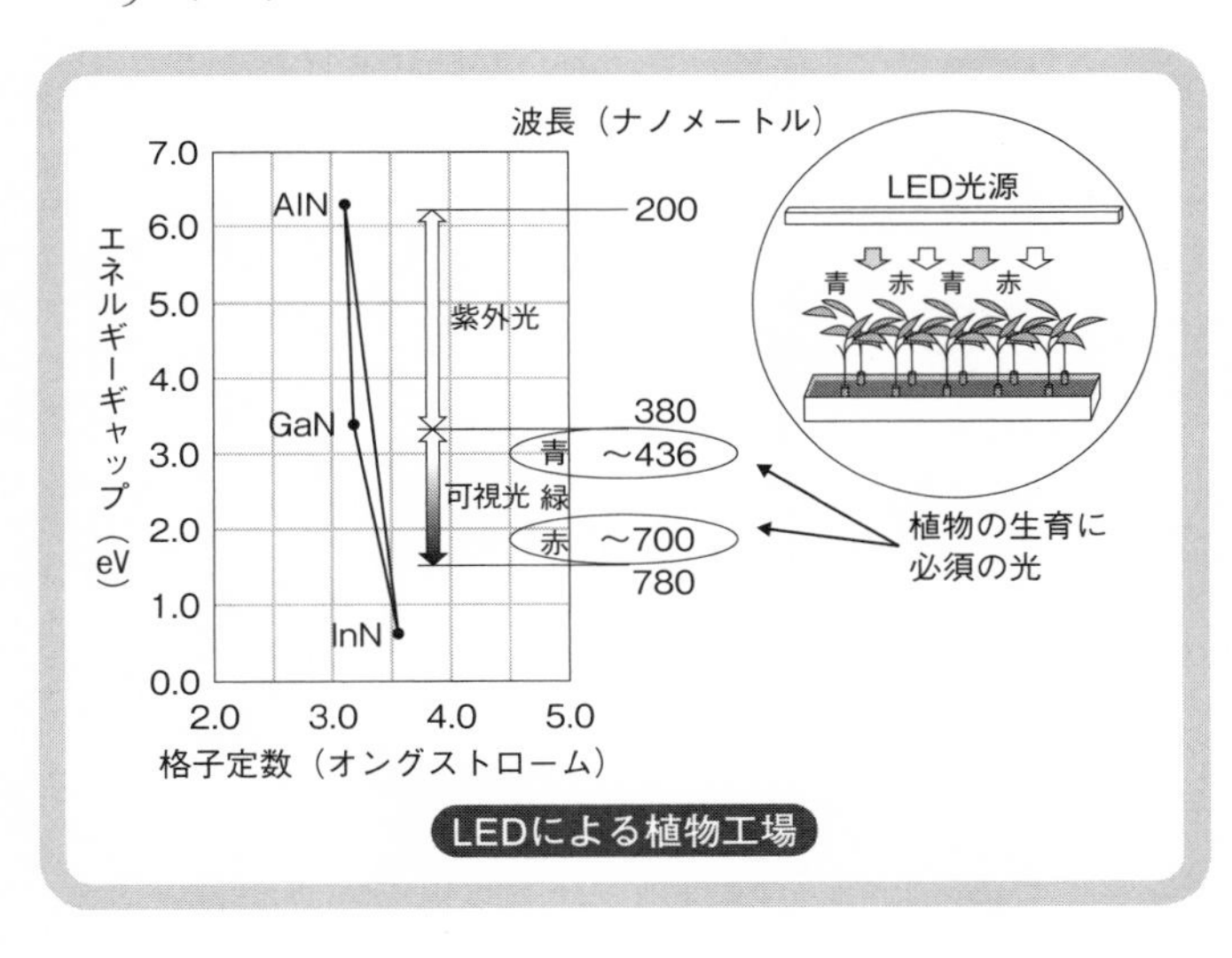

LEDによる植物工場

植物は太陽光の一部の光を使って成長しますが、太陽光の代わりにＬＥＤの光を当てても、同様に成長させることができます。また植物の成長に効果的な波長があるので、その波長に合わせたＬＥＤを用いれば、効率良く植物を栽培できるのです。

太陽光発電による電気をいったん蓄電システムに蓄え、その電力で計画的にＬＥＤを光らせて食料生産を行えば、天候によって収穫量が変動する耕作農地での生産方法に比べ、安定した食料供給システムが構築できそうです。

さらに都市部などの消費地に植物工場を建てると、地方の生産地や郊外の生産地から野菜を輸送するために使われるエネルギーの削減にもつながるでしょう。

この考えのもと、ＬＥＤを利用した植物工場で野菜を水耕栽培する試みがなされています。水耕栽培をするには水質、温度、湿度の管理が難しく、まだまだ課題もあるようですが、食の安全性の確保や安定した供給体制を維持するために重要な技術になるでしょう。だからこそ、ＬＥＤによる植物工場が事業として成立し、産業としても成長することを願っています。

広がる低温プラズマの可能性

殺菌や植物の成長促進を目的とした研究として、プラズマを用いたものがあります。最近、名古屋大学の低温プラズマ科学研究センターでは、大気圧低温プラズマによる物質（材料）改質、医療や農水産分野での応用、滅菌・殺菌への応用など、幅広い分野で研究が進められているのです。ちなみにプラズマとは、原子核と電子が高温の状態でバラバラに飛び回る状態を指します。そして、その温度を下げたものが低温プラズマです。

医療での応用では低温プラズマやプラズマ活性溶液による選択的なガン細胞の破壊が、農水産分野の応用では植物の成長促進効果について研究されています。

たとえば、低温プラズマを生育時のイチゴの苗に照射すると、ガンや老化予防に効果がある果実中の抗酸化成分「アントシアニン」が増加します。さらにイチゴ自体の収穫量も増えたという報告がなされています。

大気圧低温プラズマの発生方法や装置構成については多くの提案があり、利用する電源の周波数は、直流から数十ヘルツ、キロヘルツ、あるいはメガヘルツと様々ですが、数キロボルトの高電圧を用いることは共通しています。

大気圧低温プラズマの効果に関する研究が進み、植物工場や飲料水などの滅菌・殺菌に利用されるようになると、高効率で高電圧を発生する電源システムが必要になるということです。

その点で、低消費電力で小型化が可能なワイドバンドギャップ半導体のパワーデバイスが貢献できるのではないかと考えています。

ＧａＮがディスプレイを変える

今後、ＧａＮはディスプレイの進化にも一役買うことでしょう。

青色ＬＥＤから作った白色光源のバックライトとカラーフィルターを組み合わせること

によって、ディスプレイは軽く薄くなり、同時に消費電力も大きく下がりました。ただし、カラーフィルターを通して光が遮られることや、黒を作るために偏光子を使っていることで、実はLEDの光の大部分を無駄にしています。

そこで白色光とカラーフィルターの組み合わせをやめ、三原色のLEDを並べることで画素を構成する方式を用いる。するとLEDの発光をそのまま利用するため、フィルターに遮られていた光を無駄にすることがなくなります。これによって、さらに明るく綺麗で、高効率なディスプレイができるはずです。

GaNは、窒化アルミニウム・ガリウム、そして窒化インジウム・ガリウムと構成元素を調整することで、紫外光から青色まで光を制御することができます。同じように緑や赤を作り分けることにより、三原色を構成する緑と赤でも光らせることが可能になるのです。

第一章でも触れましたが、学生のころに考えていたのは、三原色のLEDを並べたディスプレイです。三種類のLEDを一つひとつ並べるとなると、ディスプレイは何十万、何百万の画素を必要とするため、非常にコストの高い製造方法になってしまいます。しかし、何百万ものトランジスタを一度に作り込む半導体集積化技術を使えば、低コストで作ることができるでしょう。

学生時代、ＧａＮの青い光を初めて見たとき以上の感動を、三色のＬＥＤを集積化したディスプレイで、もう一度実現したいと思っています。

青色ＬＥＤは一つの点でしたが、このマイクロＬＥＤディスプレイでは、その点が何百万にも増え、しかもカラーで映像が映る……そんなシーンを思い描きながら、私は日々研究を行っています。

マイクロＬＥＤディスプレイとは

せっかくなので、マイクロＬＥＤディスプレイについても触れておきましょう。

液晶ディスプレイの次に実用化されたのが有機ＥＬディスプレイです。有機ＥＬディスプレイは、自ら発光する材料を用いることで、色フィルターなしで、画素そのものを発光させることができます。軽く、また曲面に貼れるようなフィルム状にできるという特長があります。

有機ＥＬは、画素の面全体が発光し、均等に光が放射される素子です。そのため、ある程度の大きさの画素を用いるディスプレイに向いています。またバックライトを必要とし

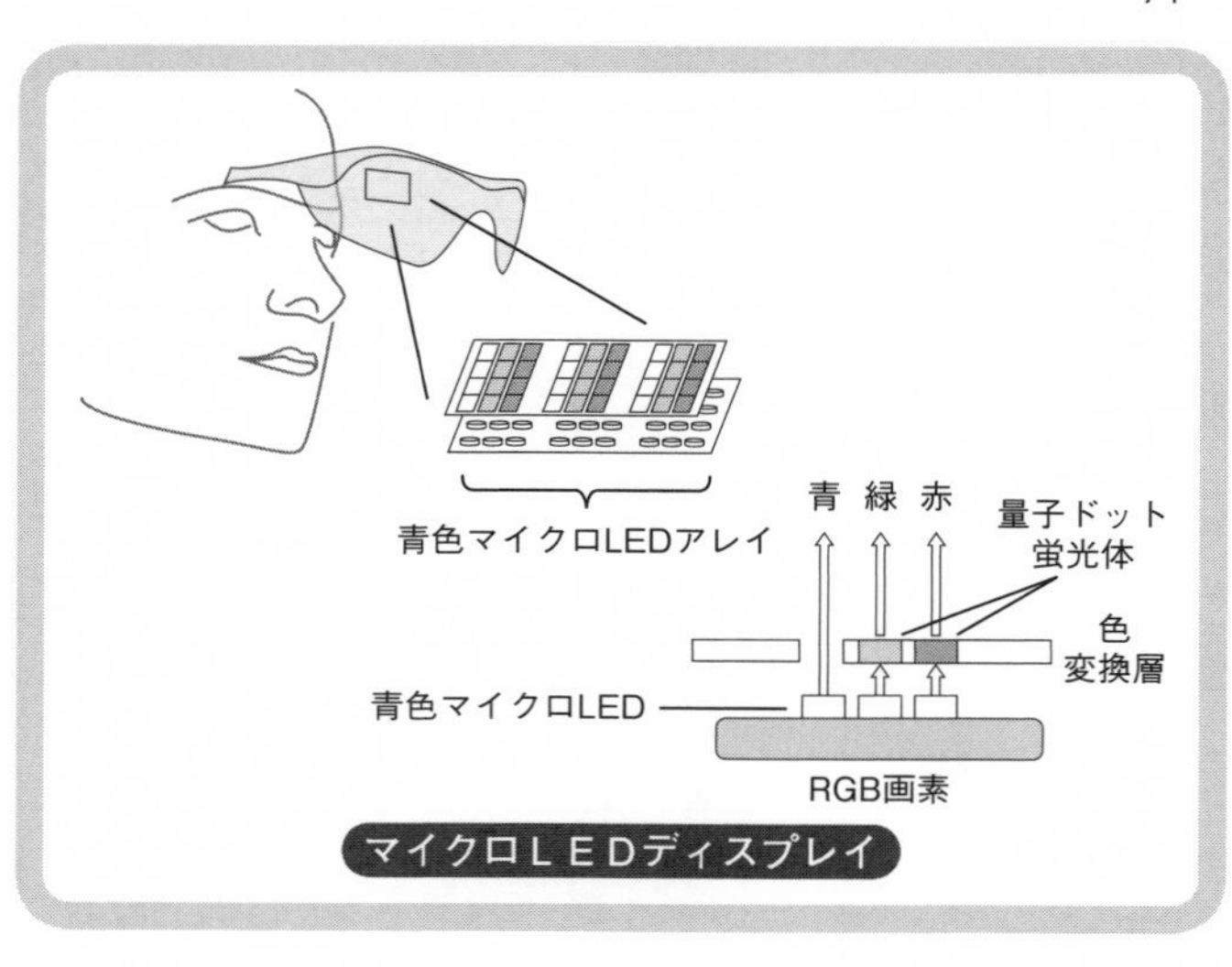

マイクロＬＥＤディスプレイ

ないディスプレイなので、光の三原色で光る有機ＥＬ材料の開発や、入力した電力に対する発光強度を上げる技術の研究が盛んに行われています。

そしてもう一つ期待を集めているのが、マイクロＬＥＤディスプレイです。これは有機ＥＬと同様に、バックライトを用いないディスプレイ。映像を表現する際の基本となる画素、すなわち赤、緑、青の三色は、ＬＥＤで作ります。

有機ＥＬは、画素の面全体が発光し均等に光が放射される素子ですが、ＬＥＤは点で強く発光し、一方向の光を取り出しやすい光源です。この特性を活かして、マイクロＬＥＤディスプレイを、ゴーグル型のヘッドアップディスプレイや眼鏡型のウエアラブルディスプレイに採用するのはどうかと検討されています。

三色のＬＥＤを利用したディスプレイは、実はすでに街中のデジタルサイネージ用に、大型のものが商用化されています。これらは赤、緑、青のＬＥＤを画素として並べたものですが、画素に用いたＬＥＤの大きさと解像度から、大型スクリーン向けのディスプレイに利用しやすかったのだと思います。

逆に、ヘッドアップディスプレイや眼鏡型のウエアラブルディスプレイなどの新しい用途では、半導体集積化技術を利用してＬＥＤを小さくするとともに、簡便な方法で多数配列する技術の開発が必要になります。

近い将来、マイクロＬＥＤから、いままでにない新しいサービスや産業が誕生するのではないかと、大きな可能性を感じています。

次世代の光電子融合システム

さて、最後は次世代の光技術、量子ドットレーザーについて。この分野でも、やはりＧａＮには活躍の場がありそうです。

ナノメートル（一〇億分の一メートル）という微細なサイズのレーザーを作ると、量子効果という物理現象が顕著になります。普通の大きさのレーザーでは、温度が変わると、レーザー光の波長が変化してしまいます。それに対して量子ドットレーザーでは、波長がほとんど変わらなかったり、レーザー光を取り出すときの電流を非常に小さくできたりと、様々な効果が得られます。

光の信号は、光ファイバーなどの光配線のなかを高速で伝わるし、伝わる際の信号の損失も小さい。たとえば量子ドットレーザーや光配線を信号伝送部分に使ったサーバー（データを蓄え、指定された処理を行い、その結果を利用者に提供するコンピュータ）により、データセンターの大幅な省電力化も期待できます。

ちなみにデータセンターとは、データの保存や演算処理を行うサーバーや、通信処理を行うサーバーをまとめ、運用する施設のことです。

これからサービスが始まる5Gや4K8K放送などで、取り扱う情報量やネットワークを介した通信量は、桁違い（けたちがい）に増えると考えられます。またIoT社会となり、多くの機器がネットワークにつながるようになると、さらに扱う情報量が増えるでしょう。

これらの情報はデータセンターに蓄えられ、そのデータセンターを経由して利用されま

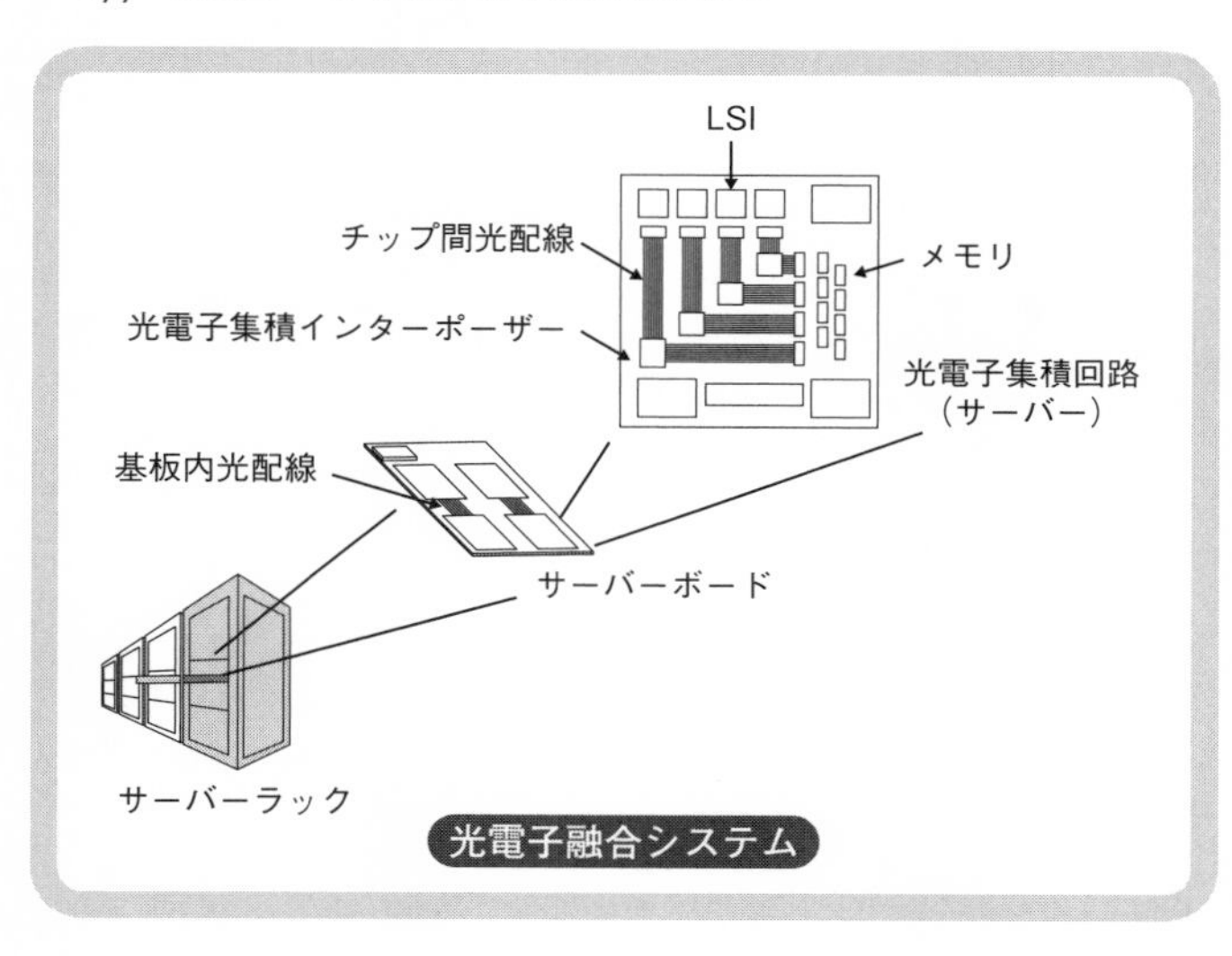

光電子融合システム

す。いまでもデータセンターの省電力化は解決すべき技術課題ですが、今後ますます重要になるのです。

その解決策の一つとして、光技術とシリコン半導体集積回路を融合した情報処理技術の研究開発が行われています。ＧａＮを用いた光素子開発でも、ナノロッドという高い効率でレーザーを発振させる素子の検討が行われており、このような情報処理分野での利用につながることを期待しています。

さて、本章で挙げたＧａＮ実用化のイメージは、ＧａＮの持つ優れた性質を活かすものの一部です。私はＧａＮの潜在能力に魅せられ、世の中に役立つもの、社会的な課題を解決するものを生み出すという思いで研究を続けてきました。

ＧａＮに限らず、ワイドバンドギャップ半導体や、その他の半導体、無機材料、有機材料、金属材料を含め、すべての材料は、それぞれ特有の性質を持っています。これらの材料を組み合わせることで、様々な機能を発揮するデバイスが生まれます。若い人たちが、それら材料の性質やデバイスの機能に興味を持ち、その潜在能力を引き出す新技術を創出してくれることを期待します。

そうして社会的な課題を解決し、新しい産業を生み出してくれる人たちが現れることを、心から祈念しています。

あとがき――ビル・ゲイツに憧れた研究者の夢

これから生まれる新技術によってイノベーションを興すためには、起業を志す人たちの存在が欠かせません。たとえ新しい技術が大学や研究所で生まれ、その技術が将来は重要になると企業人が認識したとしても、すぐに大量生産に結び付く例は稀です。

イノベーションを興すためには、「その技術が世の中を変える」と、まず人々が認識する必要があります。大企業では小回りが利きません。それを、まずは小さな範囲で実証するために起業する。できることなら、それを研究者が率先して進めるべきだと思っています。

私はずっと大学に在籍してきましたが、学生のころから共同研究を通じて企業の方々とお付き合いさせていただく機会が多く、ビジネスとはどういうものか、その肌感覚だけは持っているつもりです。日本企業がこれから世界で存在感を増すための方策とは何なのか、新技術をどのように産業に結び付けたらいいのか、学生のころから考え続けてきました。

本書で触れた産学連携講座などでは、多くの企業と共同研究をさせていただいています。しかし、いまを生きる若い方々がビジネス感覚を養成するには、それだけでは十分ではないような気がします。

学生時代、私はビル・ゲイツ氏に憧れ、強く影響を受けました。ゲイツ氏が一九七〇年代に「ＢＡＳＩＣインタプリタ」を自分たちで開発し、自らコンピュータ企業に売り込みに行ったことを書籍で読んだとき、この行動力はどのようにして生まれたのかと、たいへん羨ましく思ったことを覚えています。

この話から私が学んだことは何か？　工学を目指す人間として研究開発を行う以上、その結果をビジネスにすることが必須だ、ということです。もっと乱暴な言い方をすれば、研究のための研究では意味がない、世の中の人々の役に立つ技術を製品にして世に送り出してこその研究である、ということです。

大学で研究したことやその成果は、必ずビジネスにつなげたい。そして、我々が生活する地球全体が、より良い方向に進む手伝いをしたい。ずっとそう思い続けてきました。

ＧａＮという無限の可能性を秘めた素材には、大きなビジネスチャンスがあります。人々の生活を変え、日本の科学技術をもって、世界をより良くする潜在能力を確実に持っています。だからこそ私は、これからも研究を続けていくつもりです。

最後になりましたが、執筆にあたり、名古屋大学の先生方には、ご自身の研究に関する情報や写真の提供を、名古屋大学ＧａＮ研究戦略室の皆様には、内容の検討や様々な調査を手伝っていただきました。また、講談社の皆様には、筆者の遅筆に粘り強くお付き合いいただき、感謝しております。ありがとうございました。

二〇二〇年三月

天野(あまの)　浩(ひろし)

青色ＬＥＤ基金について——未来を拓く若手研究者育成のために

私は学生時代、恩師・赤﨑勇先生のサポートがあったことと奨学金を利用したことにより、自分の夢に向かって研究を続けることができました。こうした経験があり、研究が大好きでも経済的な問題を抱える学生にも何とか研究を続けてもらいたいという思いから、「青色ＬＥＤ基金」（青色ＬＥＤ・未来材料研究支援事業）を立ち上げました。

この基金は、学生のサポートに加え、若手研究者の研究成果を知的財産として守るためにも役立てさせていただいております。今後、若手研究者が夢に向かって研究を続けられる環境の一助とする主旨に対し、ご賛同とご協力をいただけると幸いです。

基金の詳細については、以下のホームページをご覧ください。

http://www.cirfekikin.imass.nagoya-u.ac.jp/

天野 浩

1960年、静岡県に生まれる。工学博士。名古屋大学教授。名古屋大学工学部電子工学科を卒業後、同大学大学院工学研究科博士後期課程単位取得満期退学。2010年、名古屋大学大学院工学研究科教授。2011年、同大学赤﨑記念研究センター長に就任。学部生時代から青色発光ダイオードの製造に必要な窒化ガリウム結晶化の研究を続け、1985年、結晶製造に成功。1992年からは、名城大学で、豊田合成と青色発光ダイオードの量産化技術の研究に取り組み実現。各種ダイオード、極限効率太陽電池、究極効率電力変換用パワートランジスタなど、新デバイスの研究にも取り組む。2014年、「明るく省エネルギーの白色光源を可能にした効率的な青色発光ダイオードの発明」の業績でノーベル物理学賞を受賞。同年、文化勲章を受章。

講談社+α新書 825-1 C

次世代半導体素材GaNの挑戦

22世紀の世界を先導する日本の科学技術

天野 浩

2020年4月13日第1刷発行

発行者――― 渡瀬昌彦

発行所――― 株式会社 講談社
東京都文京区音羽2-12-21 〒112-8001
電話 編集(03)5395-3522
販売(03)5395-4415
業務(03)5395-3615

写真――― 名古屋大学

デザイン――― 鈴木成一デザイン室

カバー印刷――― 共同印刷株式会社

印刷――― 株式会社新藤慶昌堂

製本――― 株式会社国宝社

本文組版――― 朝日メディアインターナショナル株式会社

定価はカバーに表示してあります。

落丁本・乱丁本は購入書店名を明記のうえ、小社業務あてにお送りください。

送料は小社負担にてお取り替えします。

なお、この本の内容についてのお問い合わせは第一事業局企画部「＋α新書」あてにお願いいたします。

Printed in Japan
ISBN978-4-06-513630-0

講談社＋α新書

書名	著者	内容	価格	番号
歯はみがいてはいけない	森昭	今すぐやめないと歯が抜け、口腔細菌で全身病になる。カネで歪んだ日本の歯科常識を告発!!	840円	741-1 B
やっぱり、歯はみがいてはいけない 実践編	森昭 森光恵	日本人の歯みがき常識を一変させたベストセラーの第2弾が登場！「実践」に即して徹底教示	840円	741-2 B
一日一日、強くなる 伊調馨の「壁を乗り越える」言葉	伊調馨	オリンピック4連覇へ！常に進化し続ける伊調馨の孤高の言葉たち。志を抱くすべての人に	800円	742-1 C
50歳からの出直し大作戦	出口治明	会社の辞めどき、家族の説得、資金の手当て。著者が取材した50歳から花開いた人の成功理由	840円	743-1 C
財務省と大新聞が隠す本当は世界一の日本経済	上念司	財務省のHPに載る七〇〇兆円の政府資産は、誰の物なのか!? それを隠すセコ過ぎる理由は	880円	744-1 C
習近平が隠す本当は世界3位の中国経済	上念司	中国は経済統計を使って戦争を仕掛けている！中華思想で粉飾したGDPは実は四三七兆円!?	840円	744-2 C
経団連と増税政治家が壊す本当は世界一の日本経済	上念司	企業の抱え込む内部留保450兆円が動き出す。デフレ解消の今、もうすぐ給料は必ず上がる!!	860円	744-3 C
考える力をつける本	畑村洋太郎	企画にも問題解決にも。失敗学・創造学の第一人者が教える誰でも身につけられる知的生産術	840円	746-1 C
世界大変動と日本の復活 竹中教授の2020年・日本大転換プラン	竹中平蔵	アベノミクスの目標＝GDP600兆円はこうすれば達成できる。最強経済への4大成長戦略	840円	747-1 C
この制御不能な時代を生き抜く経済学	竹中平蔵	2021年、大きな試練が日本を襲う。私たちに備えはあるか？ 米国発金融異変など危機突破の6戦略	840円	747-2 C
ビジネスZEN入門	松山大耕	ジョブズを始めとした世界のビジネスリーダーがたしなむ「禅」が、あなたにも役立ちます！	840円	748-1 C

表示価格はすべて本体価格（税別）です。本体価格は変更することがあります

講談社+α新書

一生モノの英語力を身につけるたったひとつの学習法　澤井康佑　「英語の達人」たちもこの道を通ってきた。読解から作文、会話まで。鉄板の学習法を紹介　840円　760-1　C

茨城 vs. 群馬　北関東死闘編　全国都道府県調査隊 編　都道府県魅力度調査で毎年、熾烈な最下位争いを繰りひろげてきた両者がついに激突する！　780円　761-1　C

ポピュリズムと欧州動乱　フランスはEU崩壊の引き金を引くのか　国末憲人　ポピュリズムの行方とは。反EUとロシアとの連携。ルペンの台頭が示すフランスと欧州の変質　860円　763-1　C

脂肪と疲労をためるジェットコースター血糖の恐怖　人生が変わる一週間断糖プログラム　麻生れいみ　ねむけ、だるさ、肥満は「血糖値乱高下」が諸悪の根源！　寿命も延びる血糖値ゆるやか食事法　840円　764-1　B

超高齢社会だから急成長する日本経済　2030年にGDP700兆円のニッポン　鈴木将之　旅行、グルメ、住宅…新高齢者は1000兆円の金融資産を遣って逝く→高齢社会だから成長　840円　765-1　C

歯は治療してはいけない！　あなたの人生を変える歯の新常識　田北行宏　歯が健康なら生涯で3000万円以上得!?　認知症や糖尿病も改善する実践的予防法を伝授！　840円　766-1　B

50歳からは「筋トレ」してはいけない　何歳でも動けるからだをつくる「骨呼吸エクササイズ」　勇﨑賀雄　人のからだの基本は筋肉ではなく骨。日常的に骨を鍛え若々しいからだを保つエクササイズ　880円　767-1　B

定年前にはじめる生前整理　人生後半が変わる4ステップ　古堅純子　「老後でいい！」と思ったら大間違い！　今やると身も心もラクになる正しい生前整理の手順　800円　768-1　C

日本人が忘れた日本人の本質　山折哲雄　髙山文彦　「天皇退位問題」から「シン・ゴジラ」まで、宗教学者と作家が語る新しい「日本人原論」　860円　769-1　C

ふりがな付　山中伸弥先生に、人生とiPS細胞について聞いてみた　山中伸弥　聞き手・緑　慎也　テレビで紹介され大反響！　やさしい語り口で親子で読める、ノーベル賞受賞後初にして唯一の自伝　800円　770-1　B

結局、勝ち続けるアメリカ経済　一人負けする中国経済　武者陵司　2020年に日経平均4万円突破もある順風!!　トランプ政権の中国封じ込めで変わる世界経済　840円　771-1　C

表示価格はすべて本体価格（税別）です。本体価格は変更することがあります

講談社+α新書

書名	著者	内容	価格	番号
仕事消滅 AIの時代を生き抜くために、いま私たちにできること	鈴木貴博	人工知能で人間の大半は失業する。肉体労働でなく頭脳労働の職場で。それはどんな未来か?	840円	772-1 C
格差と階級の未来 超富裕層と新下流層しかいなくなる世界の生き抜き方	鈴木貴博	AIによる「仕事消滅」と「中流層消滅」から脱出する方法。誰もが資本家になる逆転の発想!	860円	772-2 C
病気を遠ざける! 1日1回日光浴 日本人は知らないビタミンDの実力	斎藤糧三	紫外線はすごい! アレルギーも癌も逃げ出す! 驚きの免疫調整作用が最新研究で解明された	800円	773-1 B
ふしぎな総合商社	小林敬幸	名前はみんな知っていても、実際に何をしている会社か誰も知らない総合商社のホントの姿	840円	774-1 C
日本の正しい未来 世界一豊かになる条件	村上尚己	デフレは人の価値まで下落させる。成長不要論が日本をダメにする。経済の基本認識が激変!	800円	775-1 C
上海の中国人、安倍総理はみんな嫌いだけど8割は日本文化中毒!	山下智博	中国で一番有名な日本人――動画再生10億回!!「ネットを通じて中国人は日本化されている」	860円	776-1 C
戸籍アパルトヘイト国家・中国の崩壊	川島博之	9億人の貧農と3隻の空母が殺す中国経済……歴史はまた繰り返し、2020年に国家分裂!!	860円	777-1 C
習近平のデジタル文化大革命 24時間を監視され全人生を支配される中国人の悲劇	川島博之	共産党の崩壊は必至!! 民衆の反撃を殺すためヒトラーと化す習近平……その断末魔の叫び!!	840円	777-2 C
知っているようで知らない夏目漱石	出口汪	きっかけがなければ、なかなか手に取らない、生誕150年に贈る文豪入門の決定版!	900円	778-1 C
働く人の養生訓 あなたの体と心を軽やかにする習慣	若林理砂	だるい、疲れがとれない、うつっぽい。そんな現代人の悩みをスッキリ解決する健康バイブル	840円	779-1 B
認知症 専門医が教える最新事情	伊東大介	正しい選択のために、日本認知症学会学会賞受賞の臨床医が真の予防と治療法をアドバイス	840円	780-1 B

表示価格はすべて本体価格(税別)です。本体価格は変更することがあります